HISTOIRE

UNIVERSELLE

DU RÈGNE VÉGÉTAL.

HISTOIRE
UNIVERSELLE
DU RÈGNE VÉGÉTAL,

OU

NOUVEAU DICTIONNAIRE
PHYSIQUE ET ÉCONOMIQUE

DE TOUTES LES PLANTES QUI CROISSENT SUR LA SURFACE DU GLOBE:

CONTENANT leurs noms Botaniques & Triviaux dans toutes les Langues, leurs claffes, leurs Familles, leurs Genres & leurs Efpèces ; les endroits où on les trouve le plus communément ; leur culture ; les animaux auxquels elles peuvent fervir de nourriture; leurs analyfes chymiques; la manière de les employer pour nos alimens, tant folides que liquides; leurs propriétés, non-feulement pour la Médecine des hommes, mais encore pour celle des animaux; les dofes & la manière de les formuler, & les différens ufages pour lefquels on peut s'en fervir dans les Arts & Métiers, &c. &c. &c.

ON y a joint une Bibliothèque raifonnée de tous les livres de Botanique, l'explication des différens termes ufités dans cette partie de l'Hiftoire Naturelle ; une notice de tous les fyftêmes, & enfin la lifte des Profeffeurs & des Jardins Botaniques de l'Europe.

Ouvrage orné de 1200 Planches gravées en taille-douce par les meilleurs Maîtres, & deffinées d'après nature.

Par M. BUC'HOZ , Docteur en Médecine, Médecin Botanifte de Monfieur, frère du Roi, & Médecin de Quartier Surnuméraire de fa Maifon, ancien Médecin de quartier de Monfeigneur le Comte d'Artois, & Médecin ordinaire de feu Sa Majefté le Roi de Pologne, Aggrégé au Collège Royal & à la Faculté de Médecine de Nancy, Affocié des Académies de Mayence, de Châlons, d'Angers, de Dijon, de Béziers, de Caen, de Bordeaux & de Metz, Correfpondant de celles de Rouen & de Touloufe ; Membre de la Société Royale d'Agriculture de Rouen.

TOME QUATRIEME DES PLANCHES.

A PARIS.

Chez BRUNET, Libraire, rue des Écrivains, vis-à-vis le Cloître Saint-Jacques-la-Boucherie.

M. DCC. LXXV.
Avec Approbation & Privilége du Roi.

Pl. I.
Decad. 1.
Psydium. Lion.
Cujavillus. Rumph. 1. p. 146. T. 49.
Cujavo kitojil.
B
A
Cent. 4

Lansium montanum. Rumph. 1.
p. 164. T. 56.
Lansa goënang.

Fructus musculi formis. Rumph. T. 2. p. 186.
T. 60.
Apocinum arborescens fructu musculi formi
Topiario. Burm.
Apocin en Arbre.

Gendarussa vulgaris. Rumph. 4.
p. 71. T. 28.
Sosa.

Sophora heptaphilla . Linn. Sp. plant. 533.
Anticholerica . Rumph. 4. p. 62. T. 42.
Lussu layn .

Rhizophora . Linn .
Mangium floridum . Rumph . T. 3 . p . 126 . T. 82 .
Mangi Mangi bonga .

Plumeria obtusa. Linn. Sp. plant. 307.
An flos convolutus. Rumph. 4. p. 85. T. 38.
La Plumier à fleurs blanches.

Arbor palorum nigra oblongis fructibus
Rumph. 3. p. 100. T. 66.
Caju Beto.

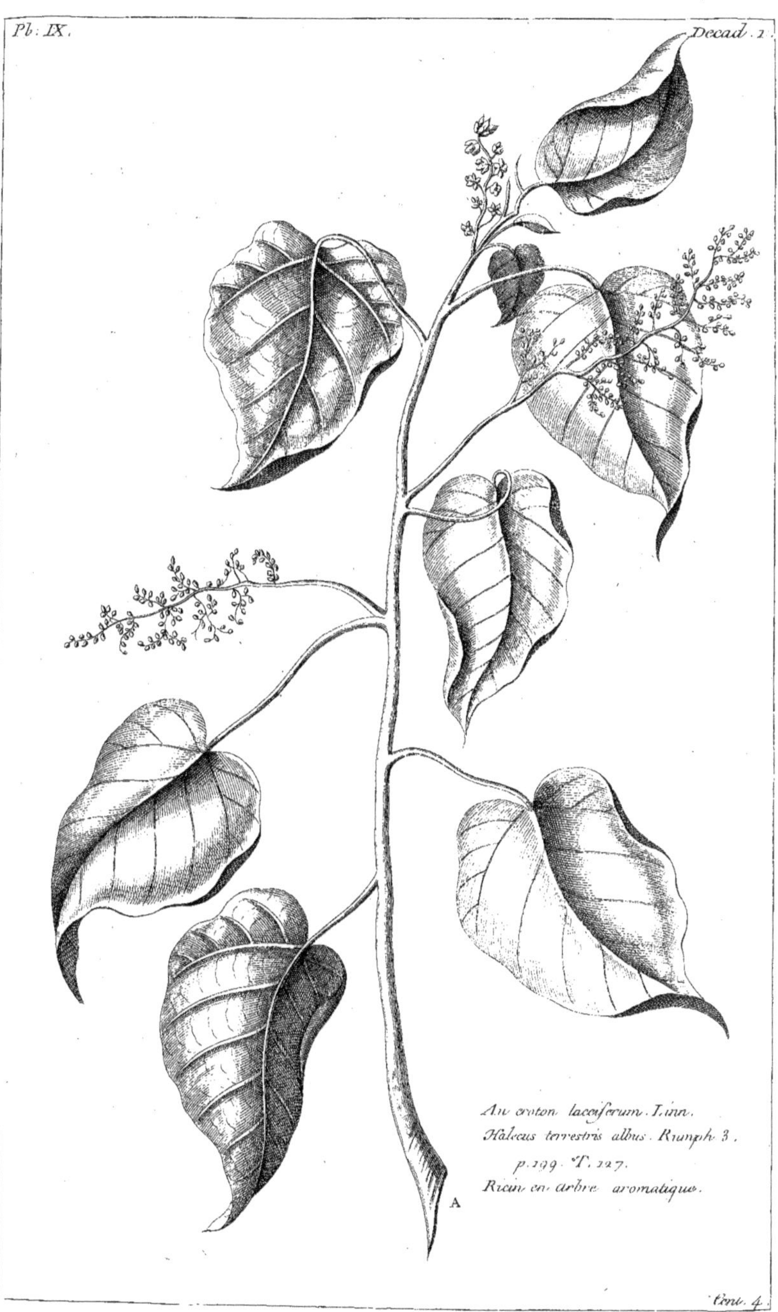

An croton lacciferum. Linn.
Halecus terrestris albus. Riumph 3.
p. 199. T. 127.
Ricin en arbre aromatique.

A

Fig. 1. Melastoma octandra Linn.
Funis convolutus. Rumph. 5. p. 71. T. 36.
Wali ahuun.
Fig. 2. Clomparius funicularis. Rumph. ibid.

Tinus occidentalis. Linn. Sp. plant. 530.
Gumira littorea. Rumph. 3. p. 209. T. 134.
Laurier tin.

Croton variegatum. Linn. Sp. plant. 1424.
Fig. 1. Codiæum tæniosum. Rumph. T. 4.
69. T. 26.
Fig. 2. Codiæum crispum. ibid.
Tsiere-maram.
Fig. 1.
Fig. 2.
Cort. 4.

Brassica Capitata rubra. Chou Pommé rouge.

Cent. 4.
Gravé par J. Robert 1773

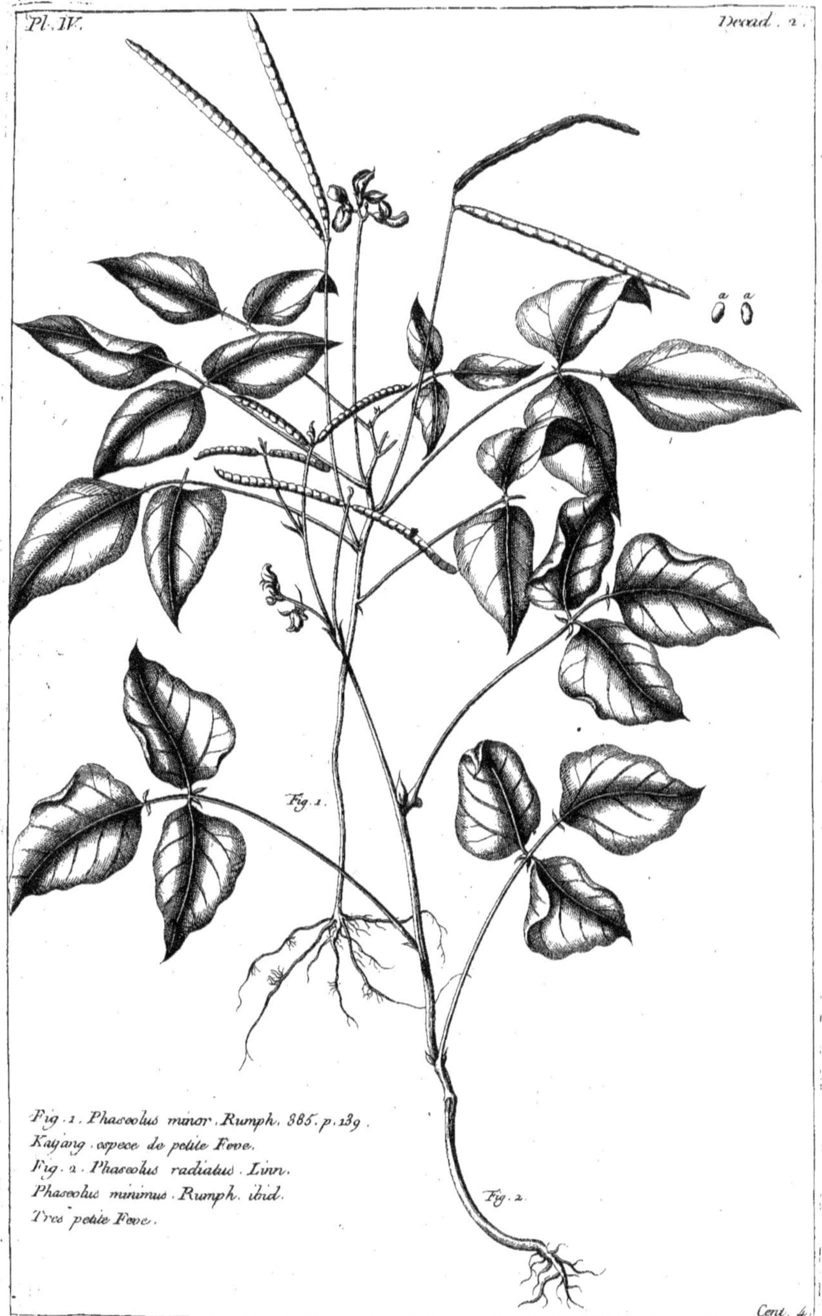

Fig. 1. Phaseolus minor. Rumph. 385. p. 139.
Kajang espece de petite Feve.
Fig. 2. Phaseolus radiatus. Linn.
Phaseolus minimus. Rumph. ibid.
Très petite Feve.

Cent. 4.

Pl. V.
Decad. 2.
Fig. 1. Orchis stratcumatica. Linn.
Orchis amboinica major. Rumph. 6.
p. 217. T. 64.
Grande Orchide d'Amboine.
Fig. 2. Orchis cubitalis. Linn.
Orchis amboinica minor. Rumph. 6. ibid.
Petite Orchide d'Amboine.
Fig. 3. Orchidis amboinicæ minoris altera Species.
Autre espece d'Orchide.
Fig. 1.
Spec. 2.
Fig. 3.
Fig. 2.
Cent. 4.

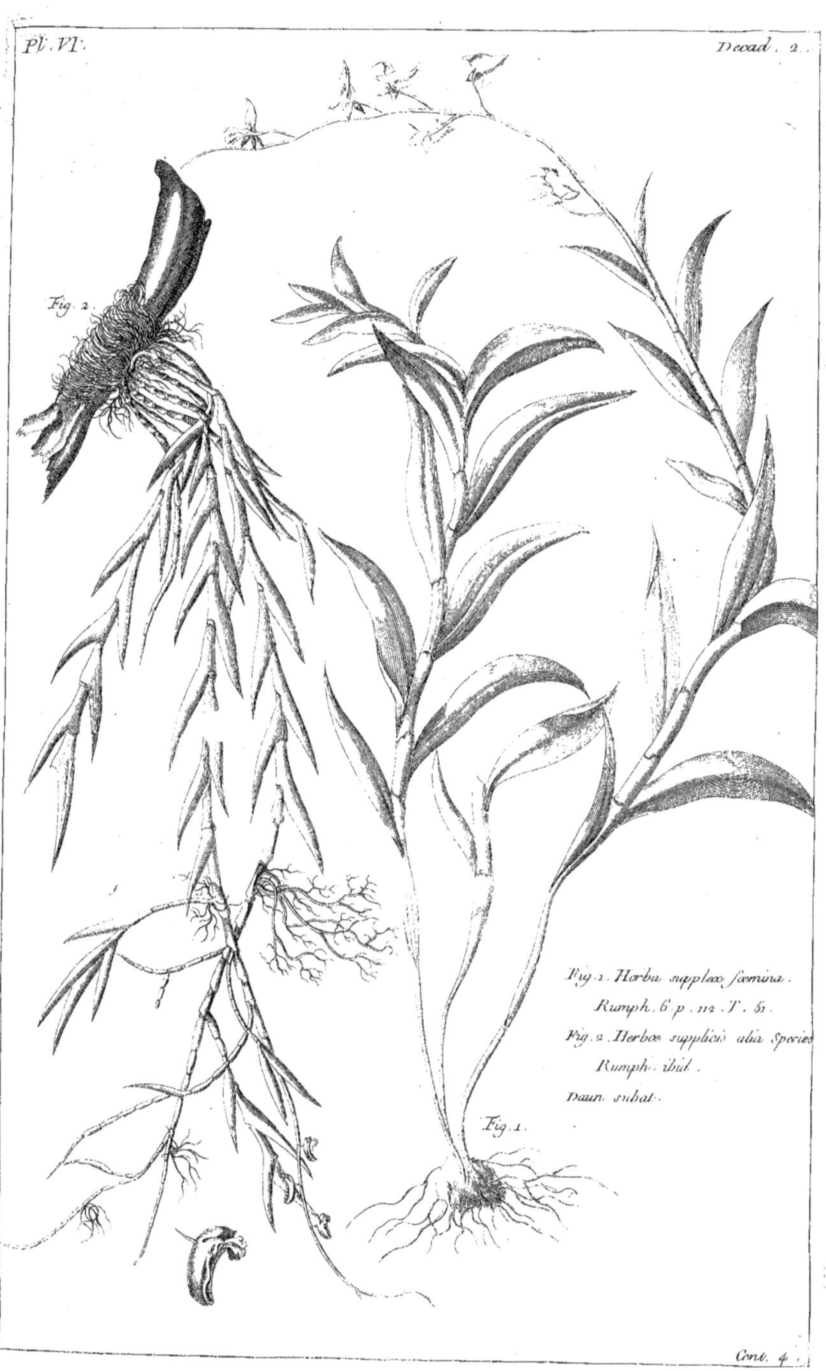

Fig. 2.
Fig. 1. Herba supplex fœmina.
Rumph. 6. p. 112. T. 51.
Fig. 2. Herbæ supplicis alia Species
Rumph. ibid.
Daun subat.
Fig. 1.

Arum arborescens. Linn.
Arum indicum sativum seu esculentum.
Rumph. 5. p. 310. T. 106.
Pied. de Veau des Indes.

Pl. VIII.
Decad. 2.
Eugenia racemosa. Linn.
Butonica sylvestris. alba. Rumph. 3.
p. 182. T. 116.
Daun putat.
Cent. 4.

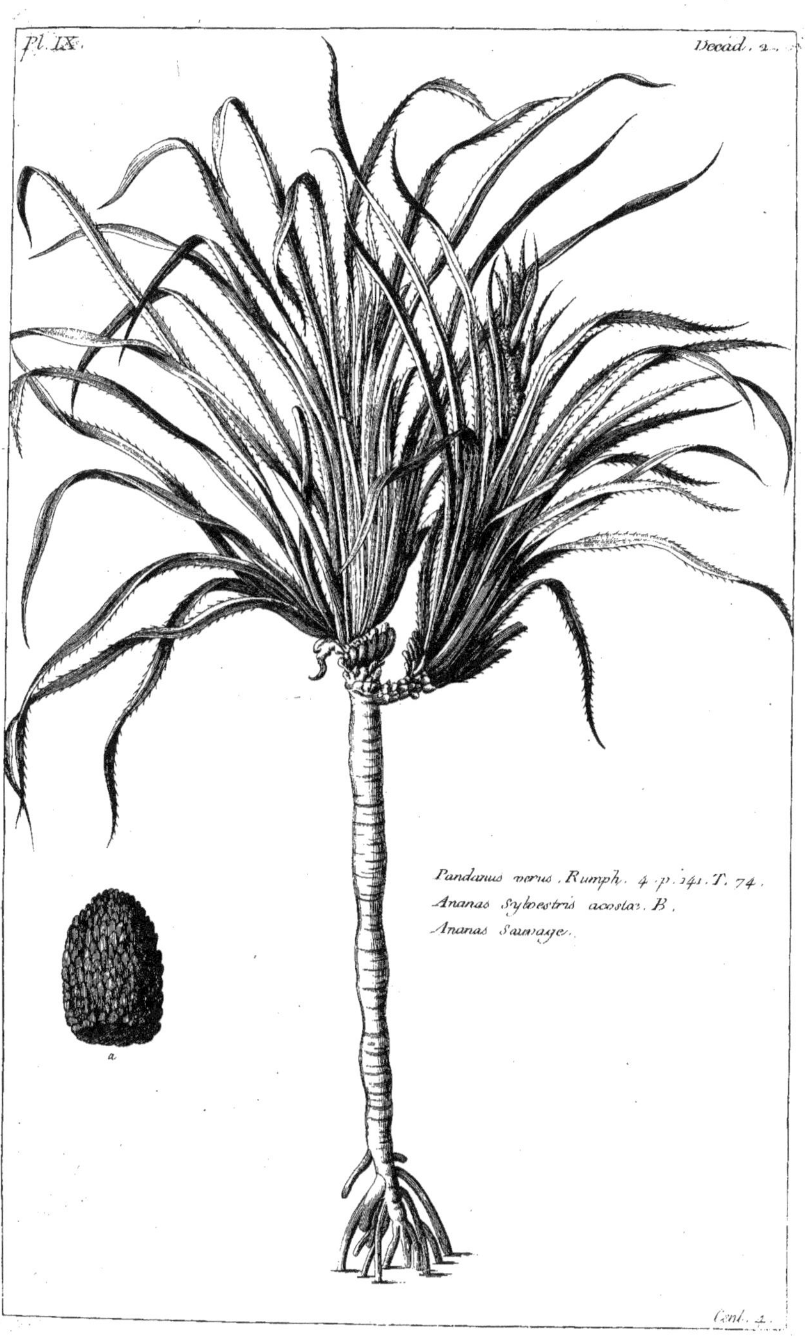

Pl. IX.
Decad. 2.
Pandanus verus. Rumph. 4. p. 141. T. 74.
Ananas Sylvestris acosta. B.
Ananas Sauvage.
a.
Cent. 2.

Bignonia. Linn.
Lignum equinum. Rumph. 3. p. 74. T. 46.
Caju cuda.
Bois de Cheval.

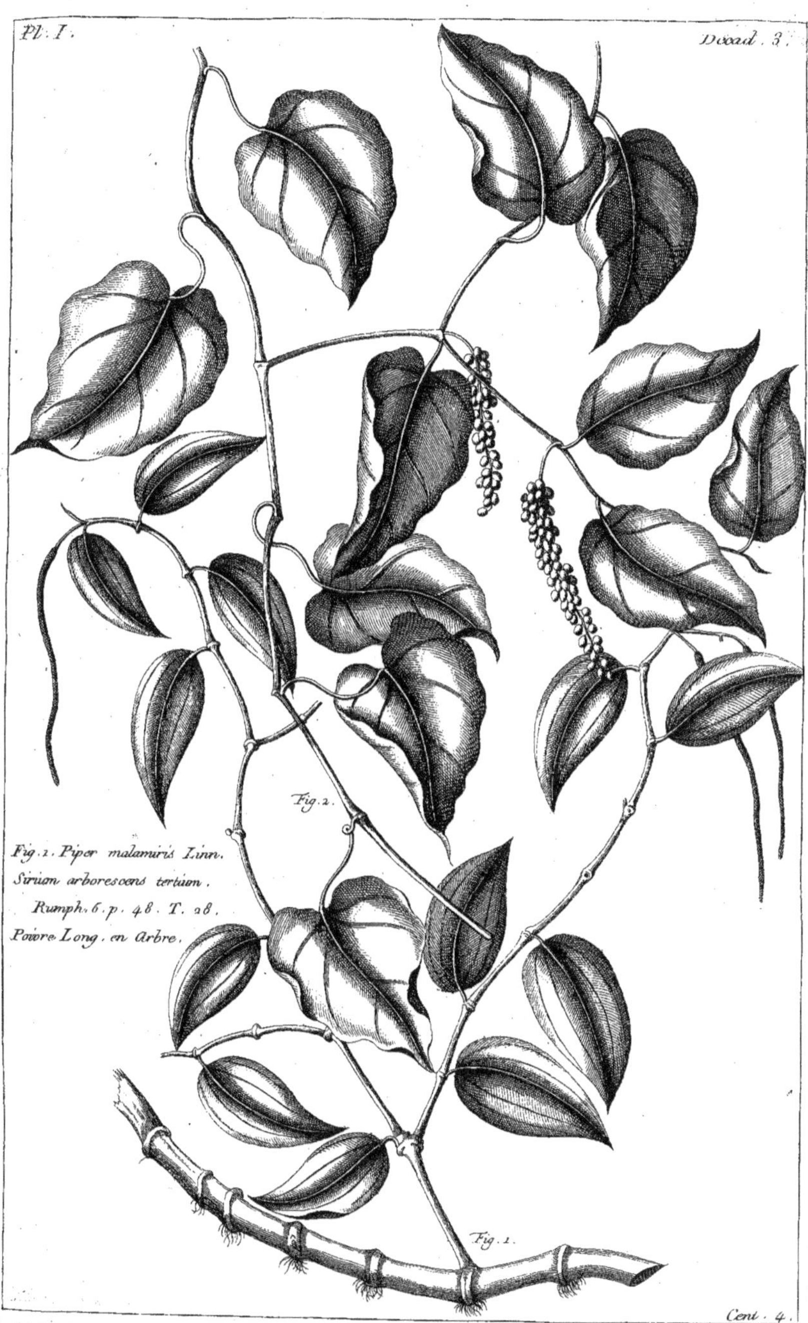

Pl. I.
Decad. 3.
Fig. 2.
Fig. 1. Piper malamiris Linn.
Siriam arborescens tertium.
Rumph. 6. p. 48. T. 28.
Poivre Long. en Arbre.
Fig. 1.
Cent. 4.

Pharmacum papetarium. Rumph. 4.
p. 134. T. 69.
Oebat papeda
Melastoma. B.

Mussænda frondosa. Linn.
Folium principissæ. Rumph. 4. p. 112. T. 61.
Belilla.
A
A
A
B
C
Cent. 4.

Ricinus arbor indica, caustica, purgans.
mus. zeyl.
Ricinoides Indica, folio lucido, fructu glabro,
grana tiglia officinis dicto. Hor. par. Bat.
Bois des Moluques.

Ricinus arbor indica, caustica, purgans,
mus. zeyl.
Ricinoides Indica, folio lucido, fructu glabro,
grana tiglia officinis dicto. Her. par. Bat.
Bois des Moluques.

Cent. 4.

Rhizophora gymnorhiza Linn. Sp.
plant. 684.
Mangium celsum. Rumph. 3. p.102. T.68.
Candel.
C
B
A

Larius. Rumph. 3. p. 196. p. 124.
Rex amaroris.
Lani
A

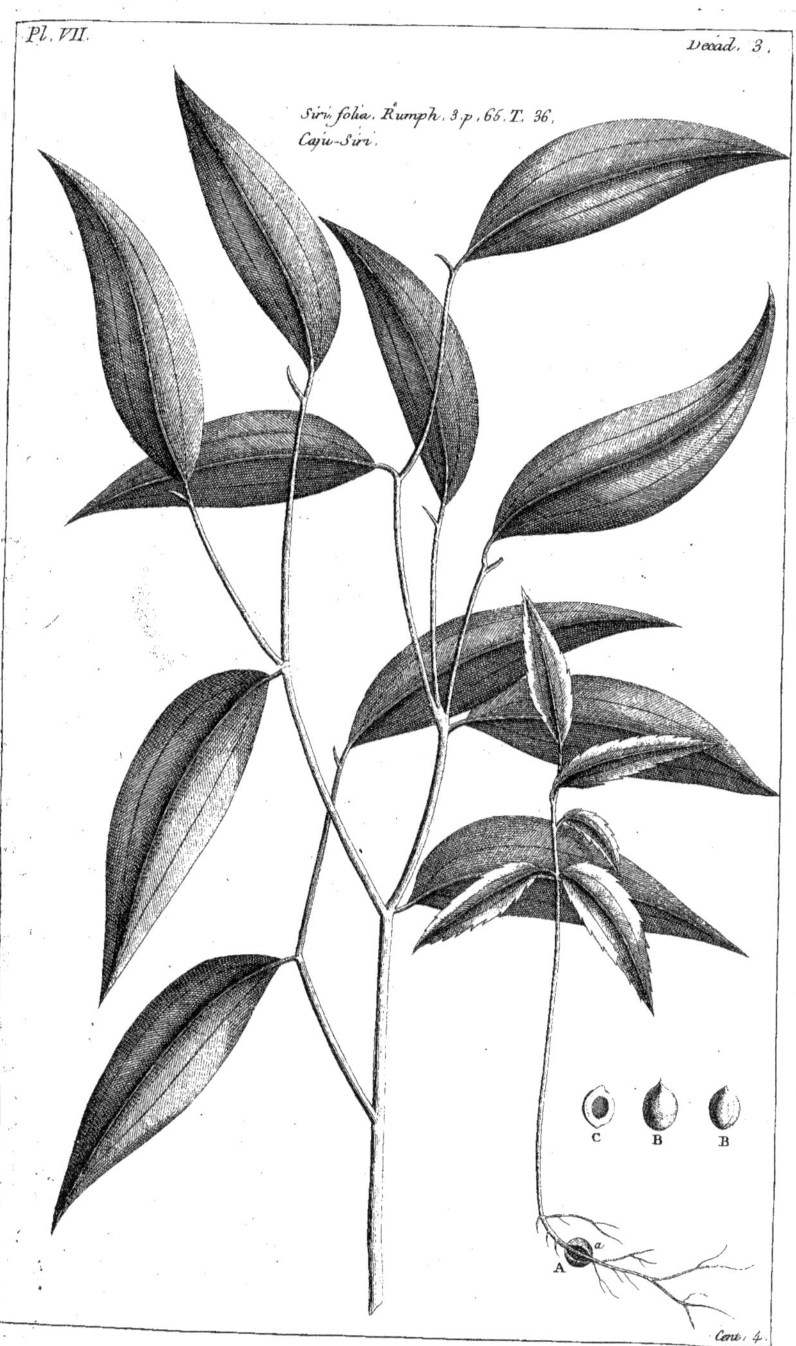

Siri folia. Rumph. 3.p.65.T.36.
Caju-Siri.
C   B   B
A   a
Cent. 4.

Pl. VIII.
Decad. 3.
Terminalis angustifolia. Rumph. 4.
p. 82. T. 35.
Seru.
Cent. 4.

Arbor rubra. Rumph. 3.p.75.T.47.
Caju mera uhar.
Arbre rouge.

An uvaria zeylanica. Linn.
Arbor rubra parvifolia. Rumph. 3. p. 13. T. 6.

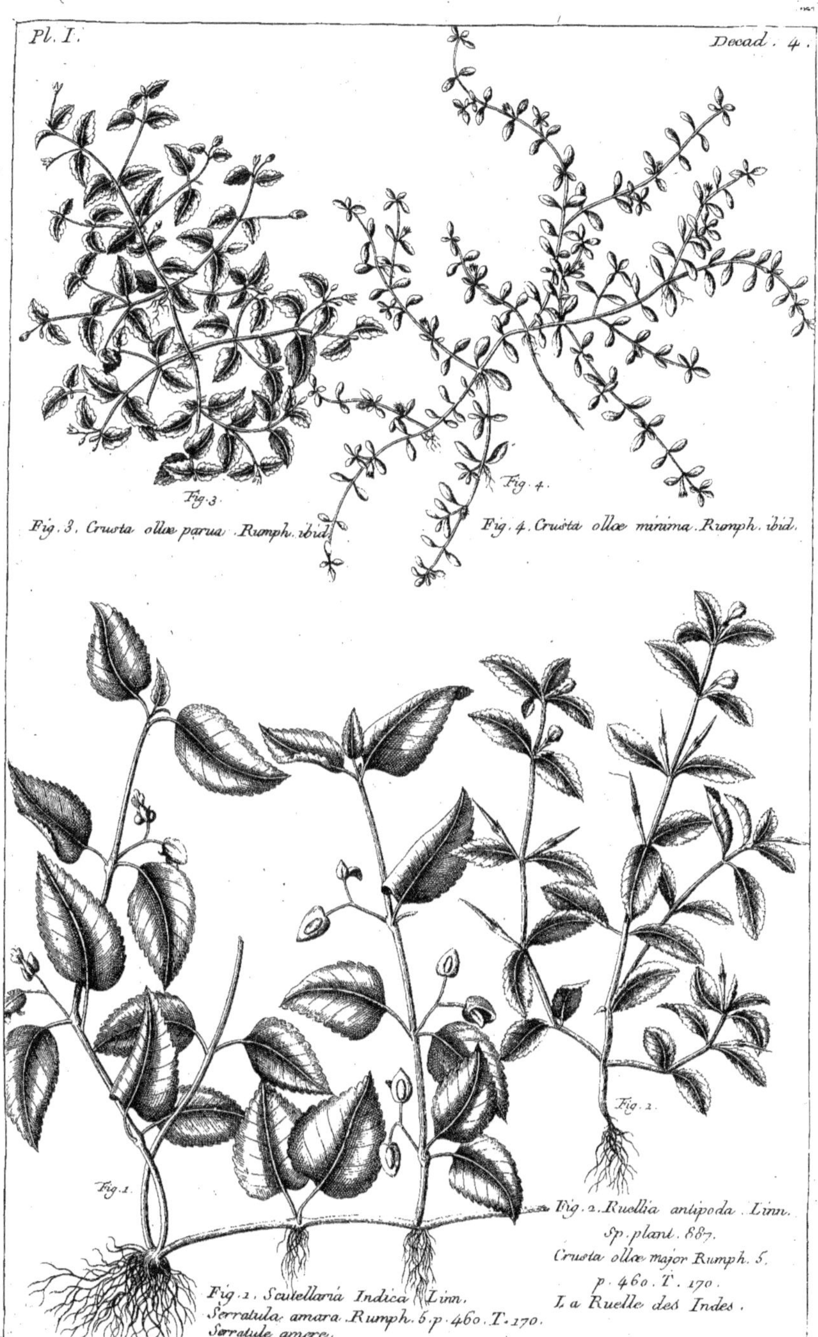

Fig. 3. Crusta ollæ parua . Rumph. ibid.

Fig. 4. Crusta ollæ minima. Rumph. ibid.

Fig. 2. Ruellia antipoda . Linn.
Sp. plant. 887.
Crusta ollæ major Rumph. 5.
p. 460. T. 170.
La Ruelle des Indes.

Fig. 1. Scutellaria Indica . Linn.
Serratula amara. Rumph. 6. p. 460. T. 170.
Serratule amere.

Cent. 4.

Nanarium minimum, seu oleosum.
Rumph. 2. p. 165. T. 64.
Nanari minjak.
A

Fig. 1. et 2. Mespilus sylvestris. B.
Spina spinarum. Rumph. auct.
      p. 38. T. 19.
L'Epine des Epines.
Fig. 3. Oxyacantha javana. Rumph. ibid.
Neflier sauvage.

Fig. 3.

Fig. 2.

Fig. 1.

Cont. 4.

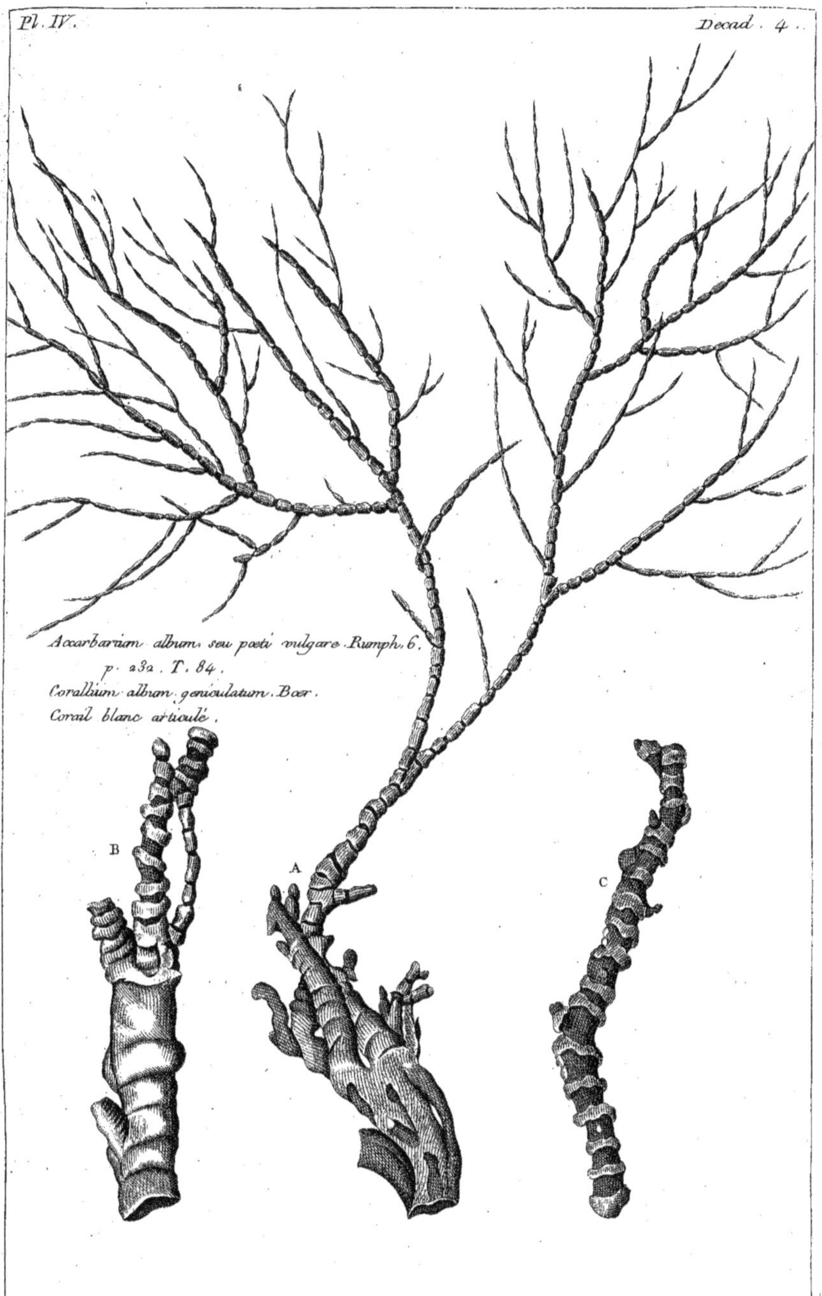

Accarbarium album, seu pœti vulgare. Rumph. 6.
p. 232. T. 84.
Corallium album geniculatum. Bœr.
Corail blanc articulé.
B
A
C

Pl. V.
Decad. 4.
Cotyledon laciniata Linn.
Planta anatis. Rumph. 6. p. 276.
T. 96.
Cotyledon des Indes.
Cont. 4.

Cortex piscatorum. Rumph. 4.
p. 126. T. 61.
Roffu. ecorce des Pescheurs.

Ebenus vulgaris . Rumph. 3. p. 6. T. 1.
Ebenus Indiæ Orientalis fagi
amplioribus foliis, anonæ dulcis
fructu coronato, magno eduli.
Ebénier.
A   B   C C

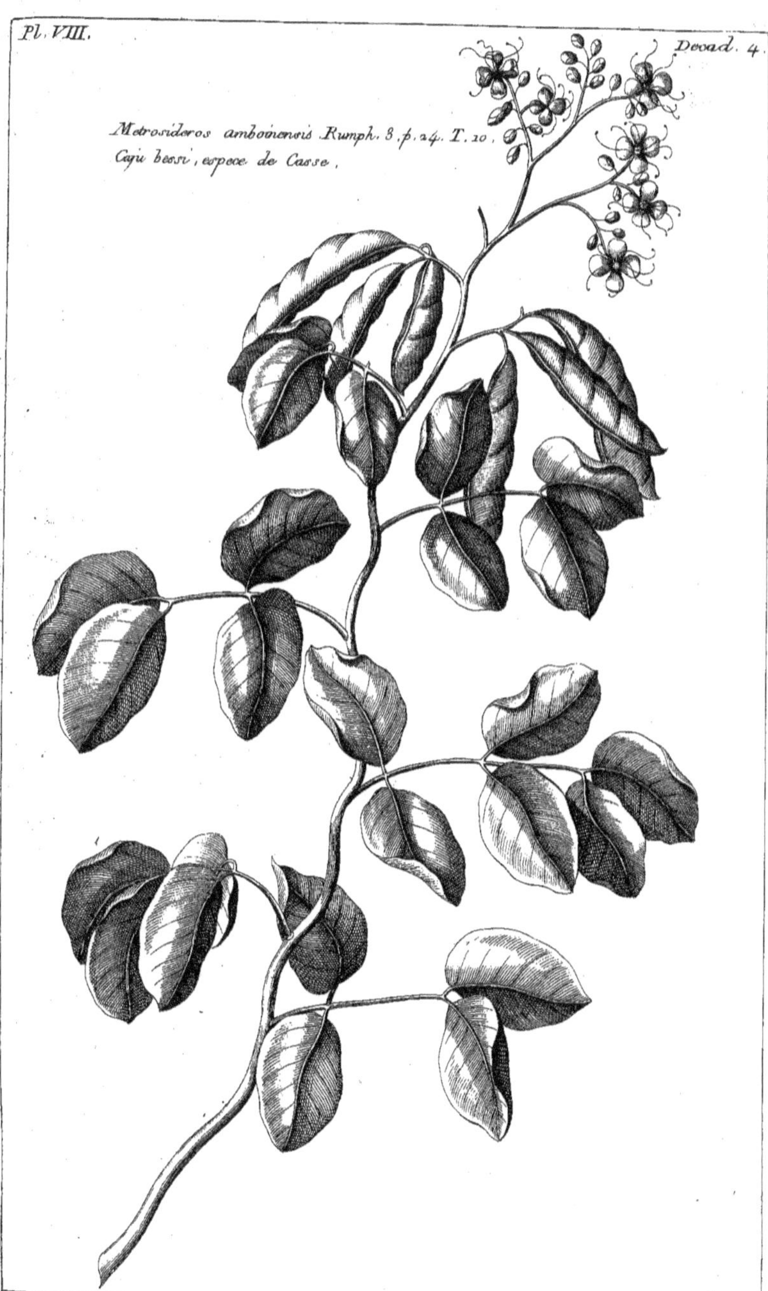

Metrosideros amboinensis Rumph. 3. p. 24. T. 10.
Caju bessi, espece de Casse.

Mananira alba . Rumph . 4 . p . 224 . T . 69 .
Daun sanca .

Canarium odoriferum leve. Rumph. a,
p. 160. T. 1.
Camacoan.

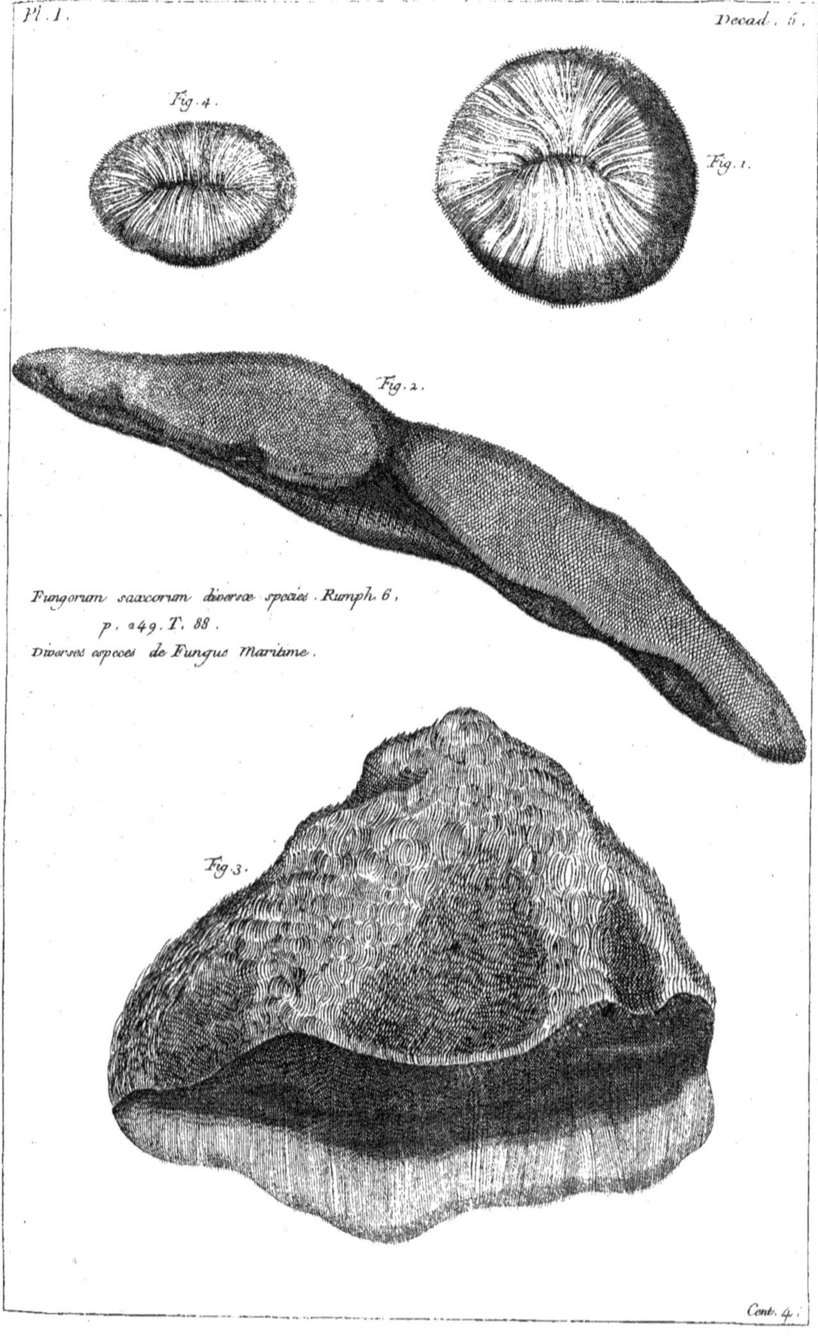

Fungorum saxeorum diversæ species. Rumph. 6,
p. 249. T. 88.
Diverses especes de Fungus Maritime.

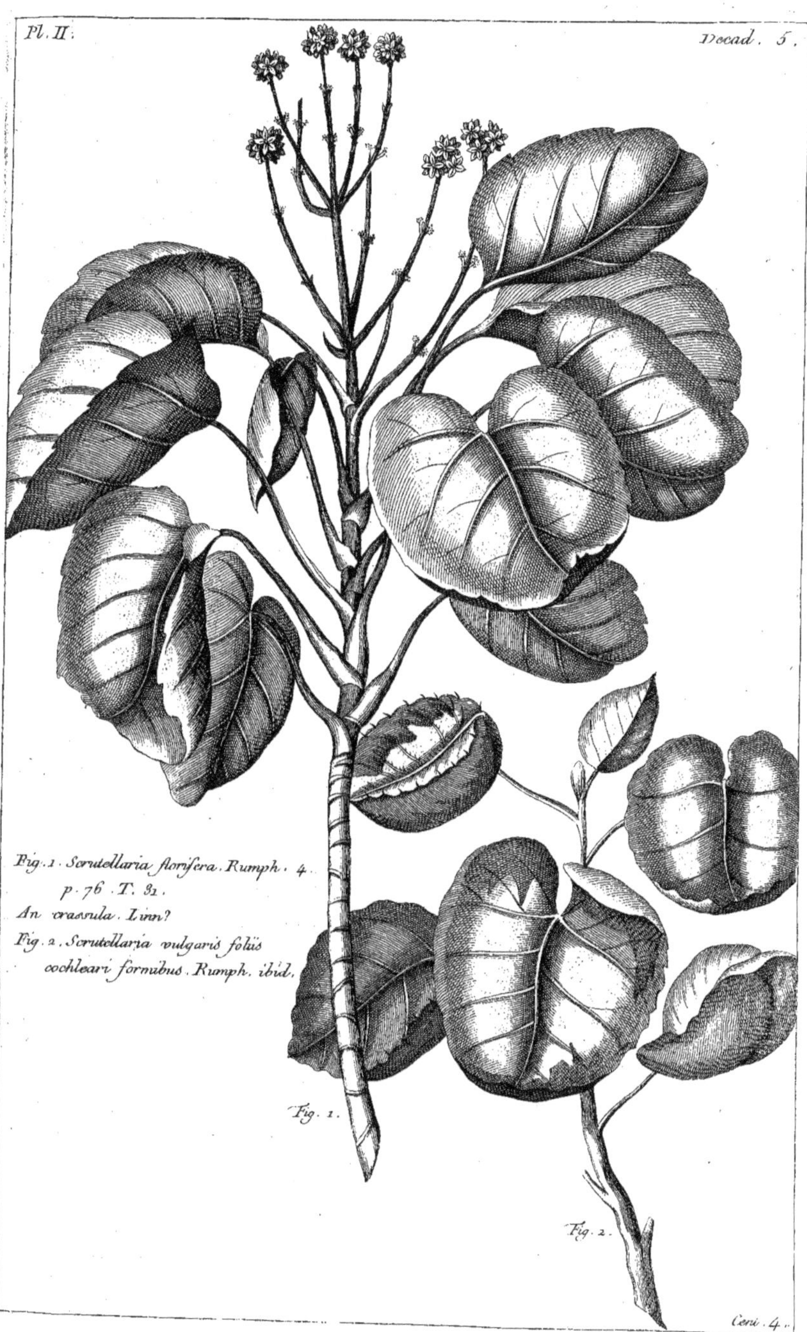
Fig. 1. Scrutellaria florifera. Rumph. 4.
p. 76. T. 31.
An crassula. Linn?
Fig. 2. Scrutellaria vulgaris foliis
cochleari formibus. Rumph. ibid.
Fig. 1.
Fig. 2.
Ceni. 4.

Frutex linearius seu papyraceus. Rumph. 4.
p. 116. T. 35.
Arbrisseau à Papier.

Ptelea viscosa. Linn. Sp. plant. 1677.
Staphyllodendron foliis lauri angustis.
    plum. Sp. 18.
Caryophallaster littoreus. Rumph. 4. p. 110. T. 60.
Le Ptelea visqueux.

Jambosa littorea. Rumph. 3. p. 82. T. 53.
Eugenia. Linn.
Jambu pantey.

Malaparius. Rumph. 3. p. 184. T. 117.
Malapari

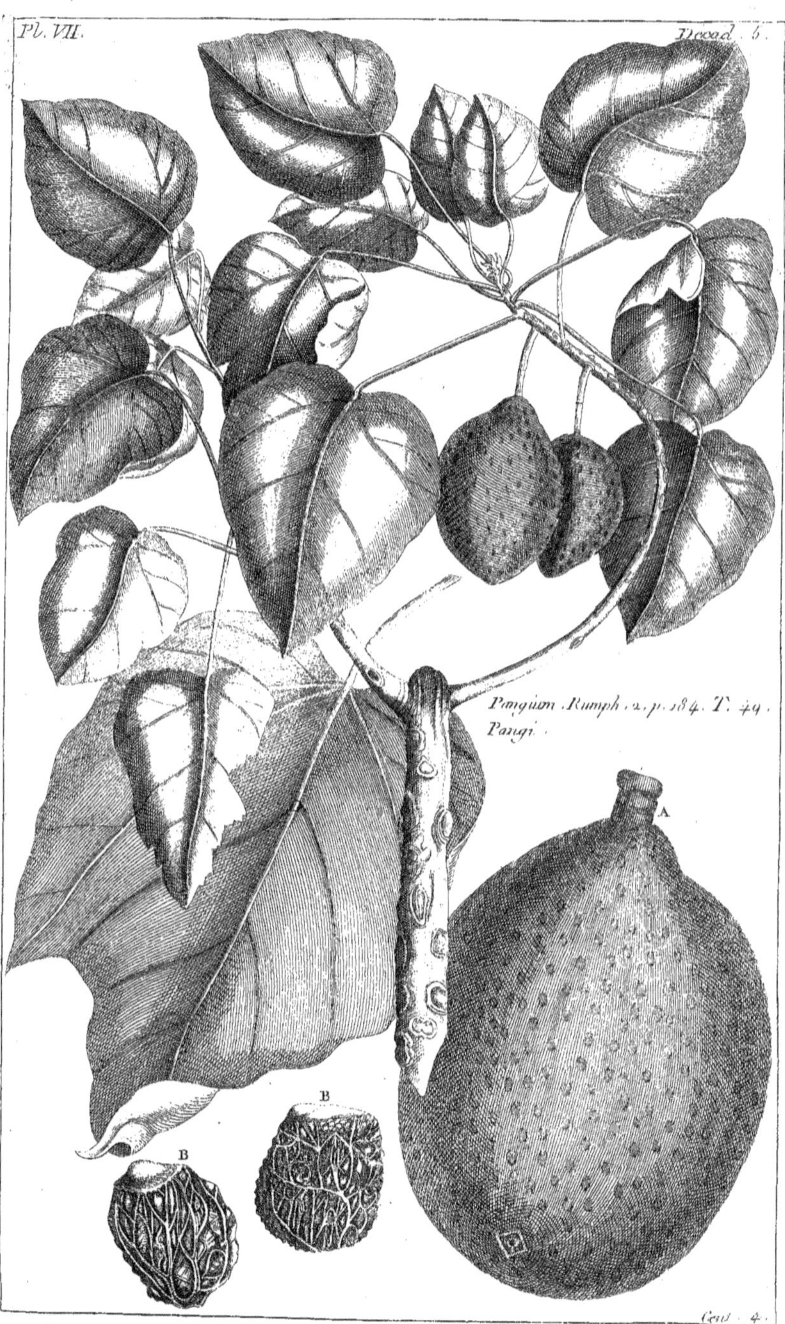
Pl. VII.
Decad. 5.
Panguim Rumph. 2. p. 184. T. 49.
Pangi.
A
B
B
Cens. 4.

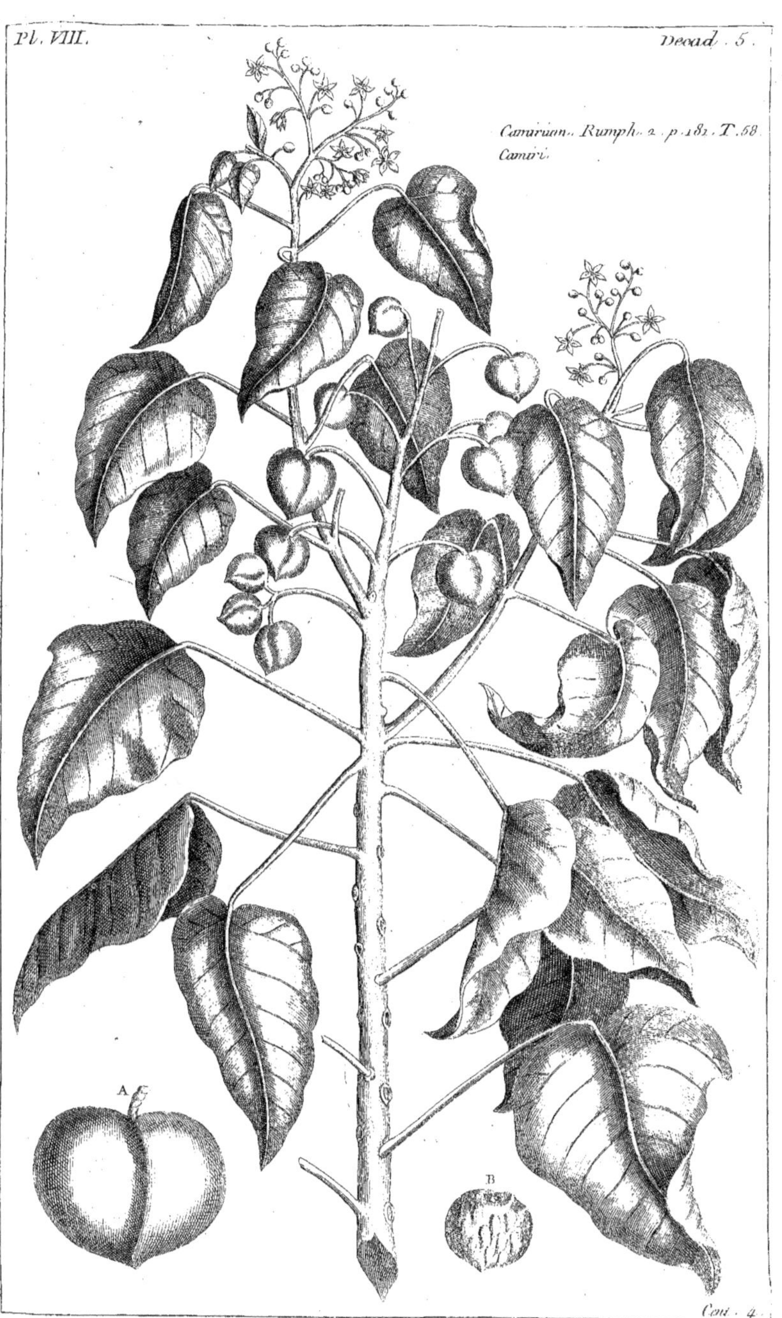
Camiriam. Rumph. 2. p. 181. T. 58.
Camiri.
A
B
Cent. 4.

Pl. IX.
Decad. 5.
Dammara alba. Rumph. 2. p. 178. T. 57.
Dammar batu.
A
B
C
D
Caerb. 4.

Michelia Champaca, Linn. Sp. plant. 756.
Sampacca vulgaris. Rumph. a. p. 201. T. 67.
Champacam.
C
C
B
A

Pl. I.
Decad. 6.
Funis quadrifidus. Rumph.
6. p. 4. T. 3.
Tali bubut habiat.
Corde de nasses
a
b
Cent. 4.

Spina vaccarum. Rumph. S. p. 21. T. 14.
Epine des Vaches.

Funis gnemoni-formis.
Rumph. 5. p. 12. T. 7.
Tali Gnemon.
b   a

Pl. IV.
Decad. 6.
Bauhinia scandens. linn.
Folium linguae Rumph.
6. p. 3. T. 1.
La Bauhin grimpante
Cent. 4.
a

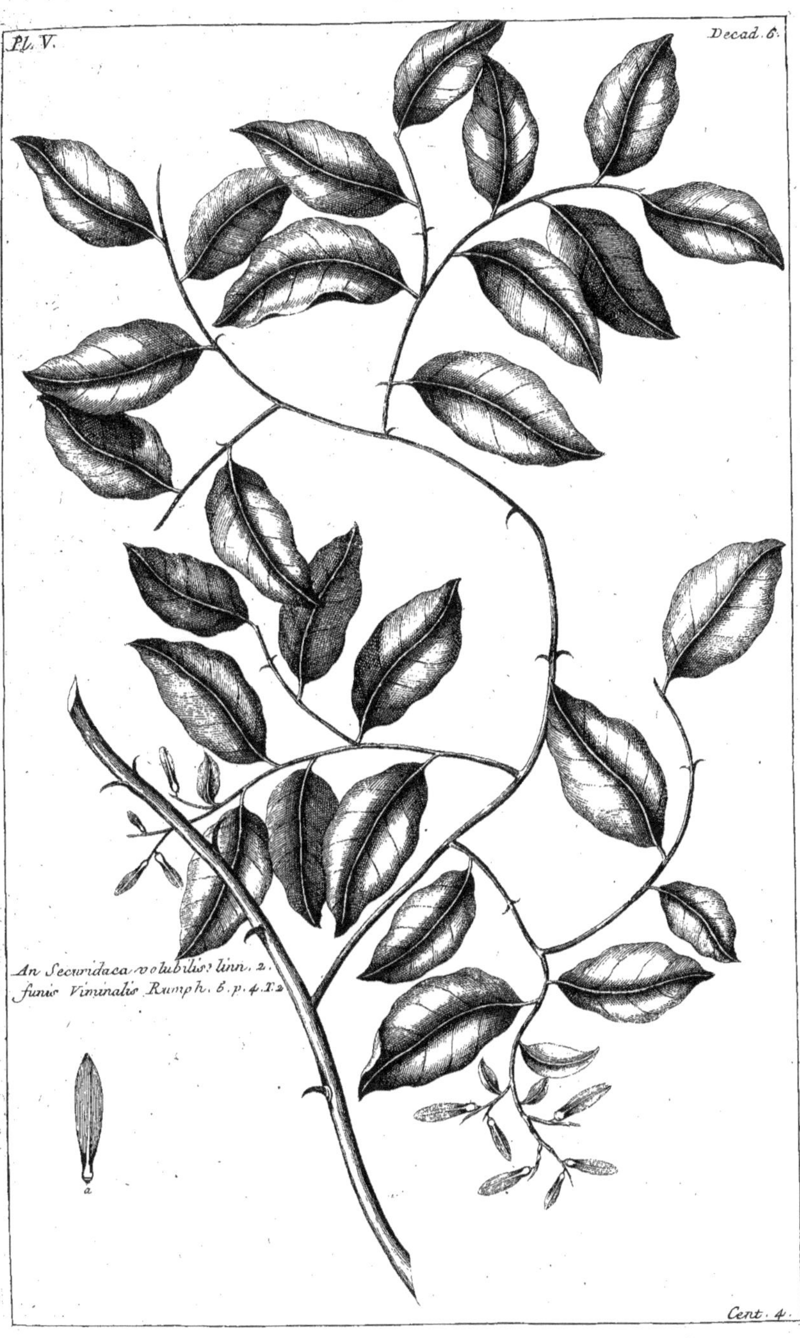
Pl. V.
Decad. 6.
An Securidaca volubilis? linn. 2.
funis Viminalis Rumph. 5. p. 4. T. 2
a
Cent. 4.

Pl. VI.
Decad. 6.
Epidendrum. linn.
Fig. 1. Angræcum album minus
Rumph. 6. p. 100. T. 44.
angræ des pauvres
Fig. 2. Angræcum rubrum. Rumph. ibid.
angræ rrra
Fig. 1.
Fig. 2.
Cent. 4.

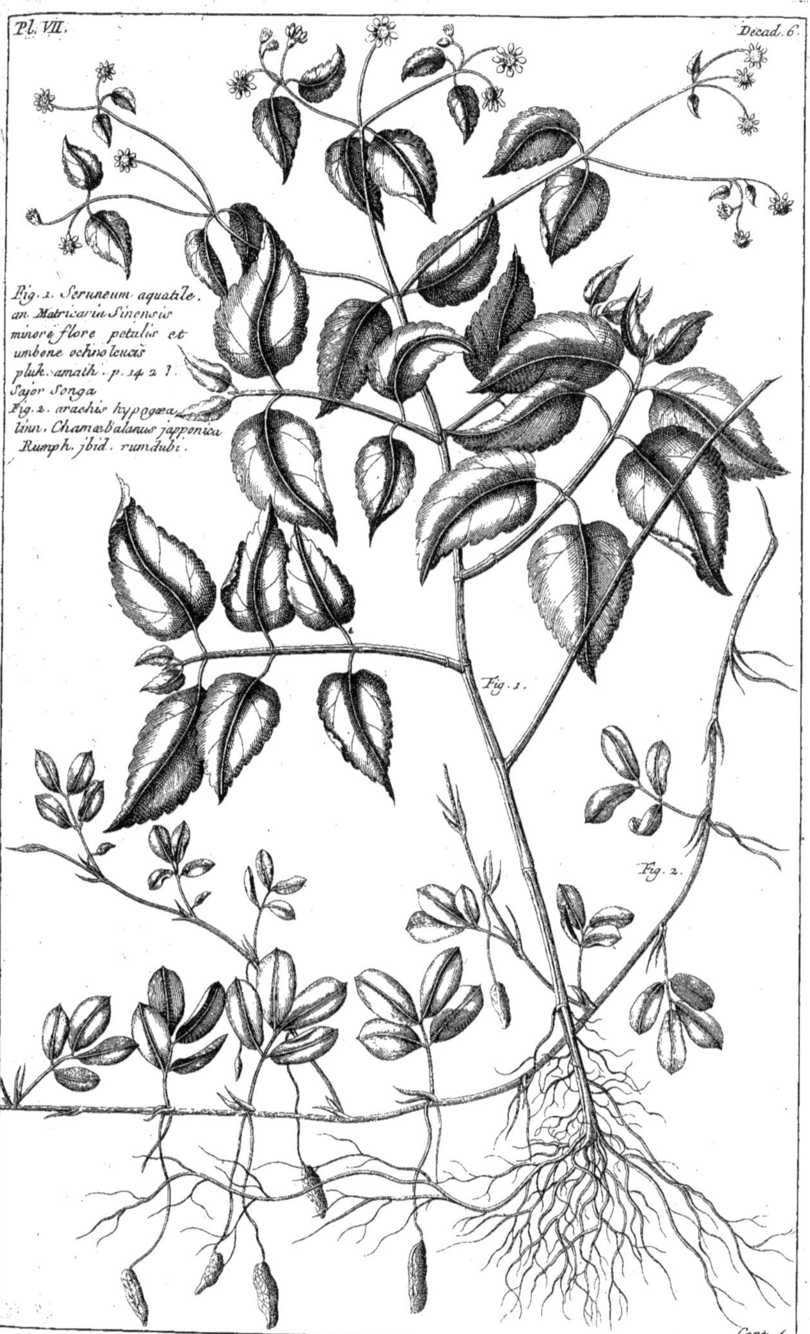

Pl. VII.
Decad. 6.
Fig. 1. Seruneum aquatile.
an Matricaria Sinensis
minore flore petalis et
umbone ochroleucis
pluk. amath. p. 14 2 ?
Sajor Songa
Fig. 2. arachis hypogæa
linn. Chamæbalanus japponica
Rumph. jbid. rumdubi.
Fig. 1.
Fig. 2.
Cent. 4.

Pl. VIII.
Decad. 6.
Fig. 1. Olus Serofarum. rumph. 6. p. 38.
T. 14. Conyza malabarica lamii folio,
flore pur pureo. Commelin.
Conyze de malabar
Fig. 2. Senecio amboinensis
Rumph. ibid.
Senecon damboine
Fig. 2.
Fig. 1.
Cent. 4.

Fig. 1. Tacca phallifera Rumph.
5. p. 328. T. 118.
an dracunculus Zeylanicus polyphyllus
Caule aspero Virescente maculis
albicantibus notato Tournef: et
Thes. Zeyl. ?: Tacca a larges feuilles.
Fig. 2. Taccæ fungus.
Fig. 1.
Fig. 2.
a
a
Cent. 4

Fig. 1. Cacalia
Sonchi-folia. linn.
Sonchus amboinensis
Rumph. 5. p. 298. T. 108.
Laitron d'amboine.
Fig. 2. Sonchus volubilis.
Rumph. ibid.
Fig. 2.
Fig. 1.

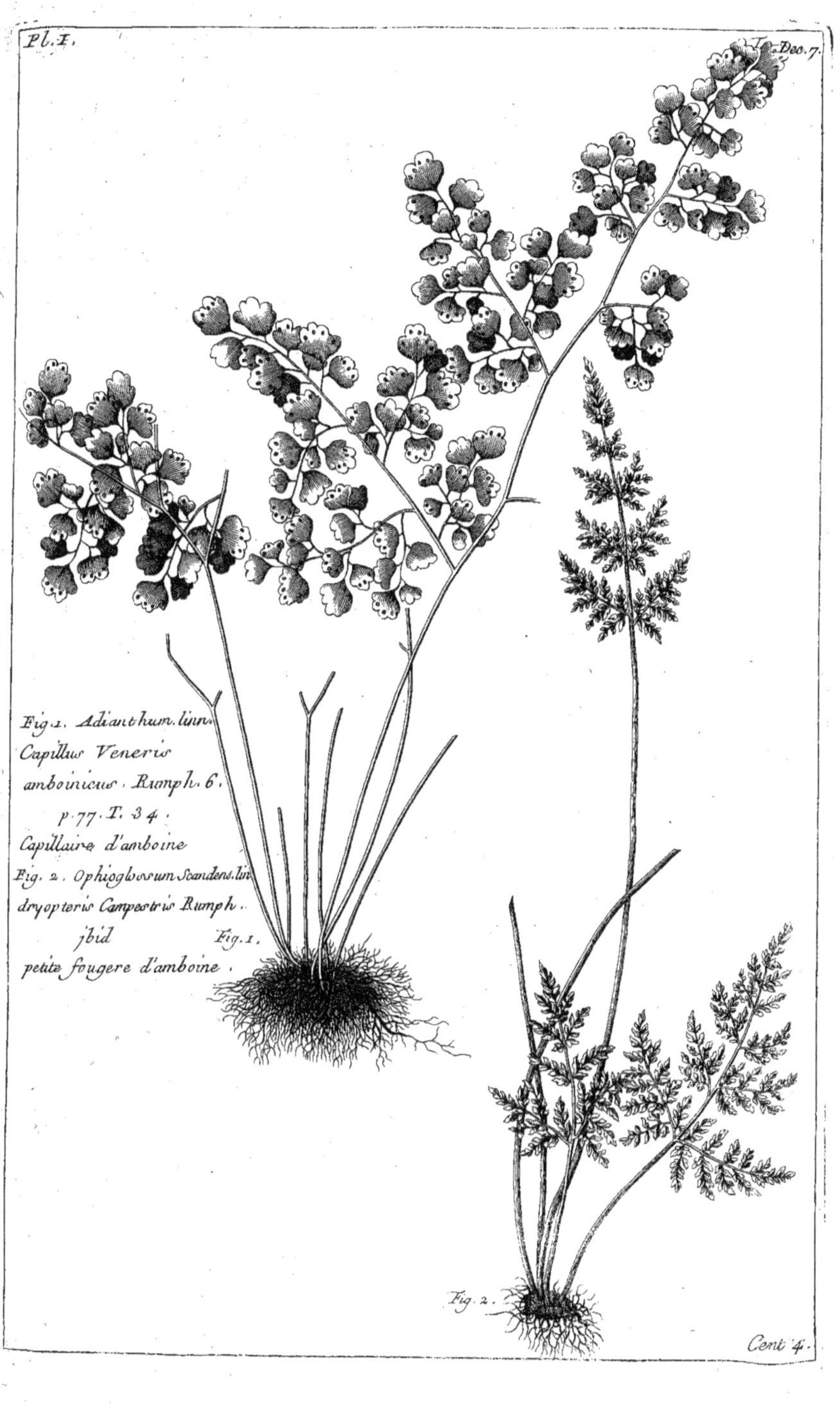
Pl. I.
Dec. 7.
Fig. 1. Adianthum. linn.
Capillus Veneris
amboinicus. Rumph. 6.
p. 77. T. 34.
Capillaire d'amboine
Fig. 2. Ophioglossum Scandens. lin
dryopteris Campestris Rumph.
ibid
Fig. 1.
petite fougere d'amboine.
Fig. 2.
Cent. 4.

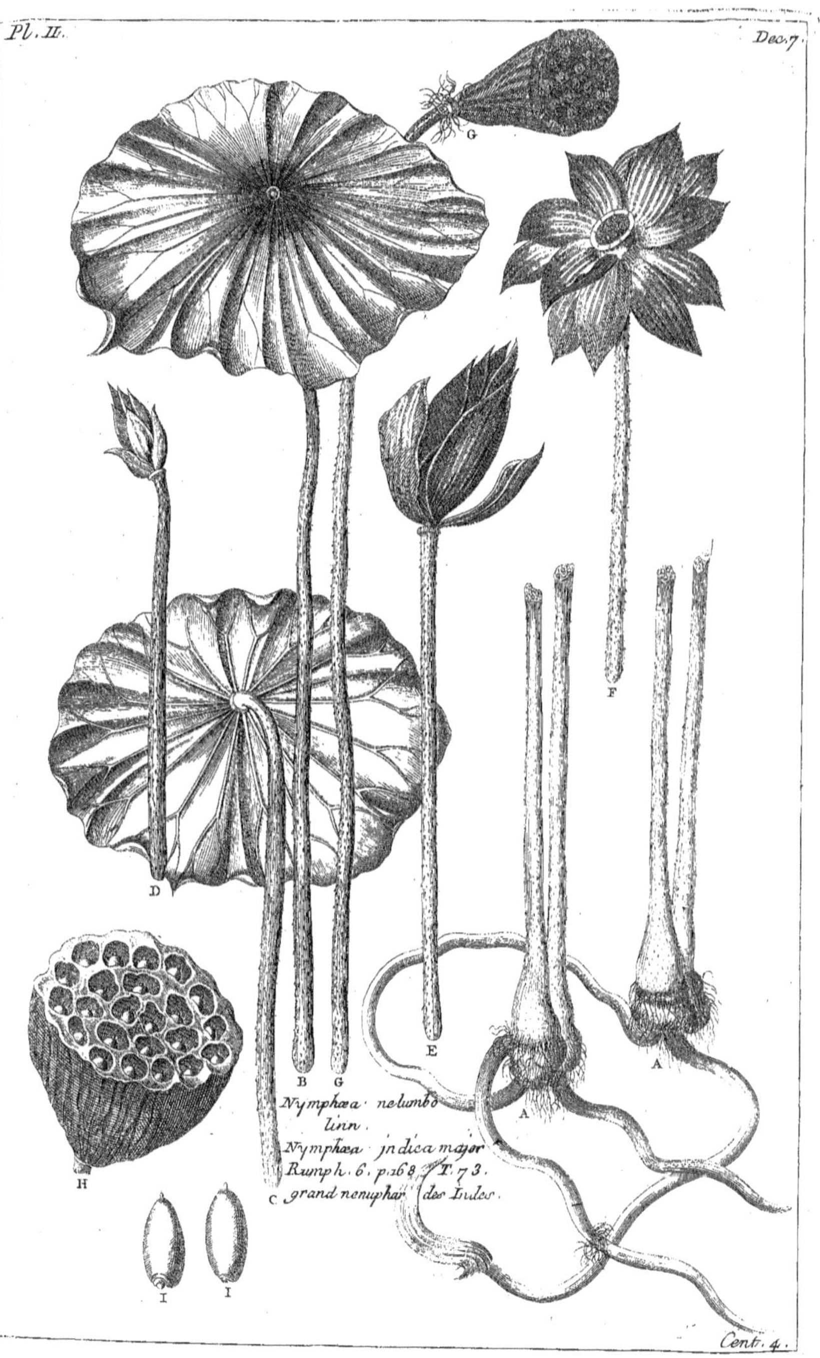

Pl. II.
Dec. 7.
G
D
B G
H
I I
E
F
A
A
A
Nymphæa nelumbo
linn.
Nymphæa jndica major
Rumph. 6. p. 168. T. 73.
c. grand nenuphar des Indes.
Cent. 4.

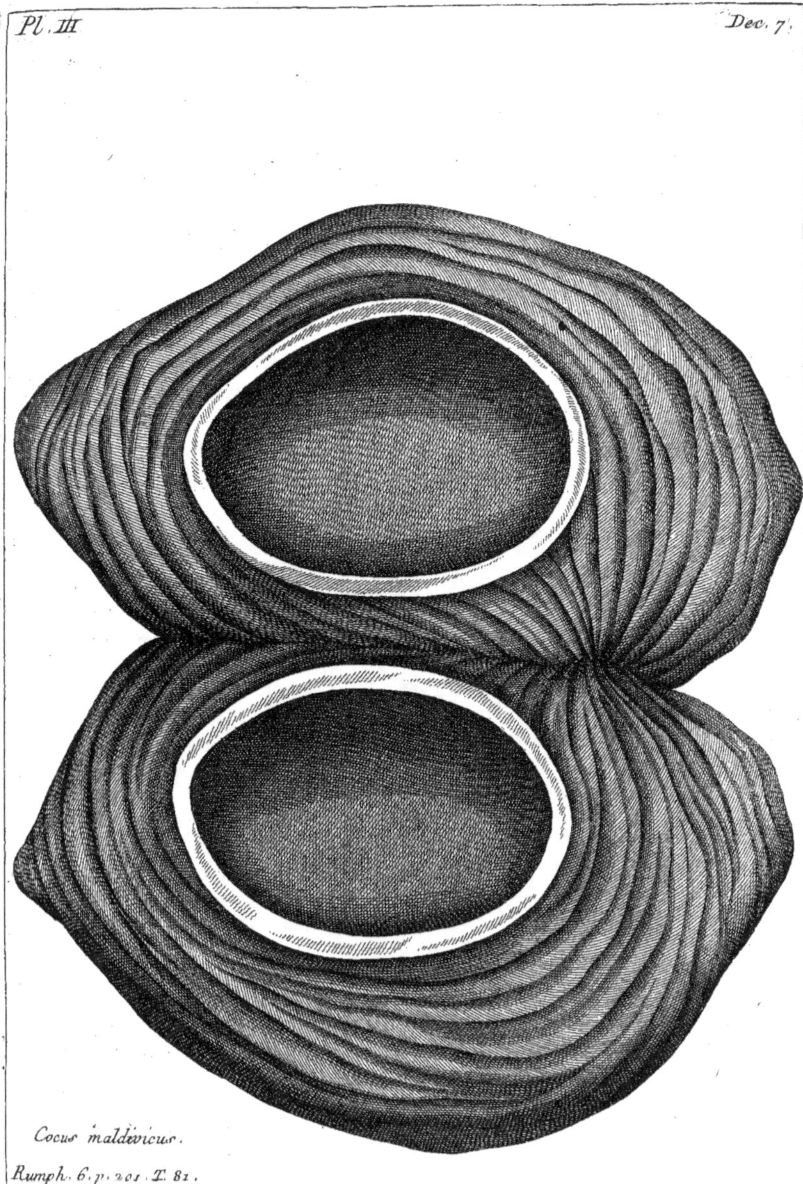

Cocus maldivicus.
Rumph. 6. p. 201. T. 81.
Cocos de maldiva.

Cent. 4.

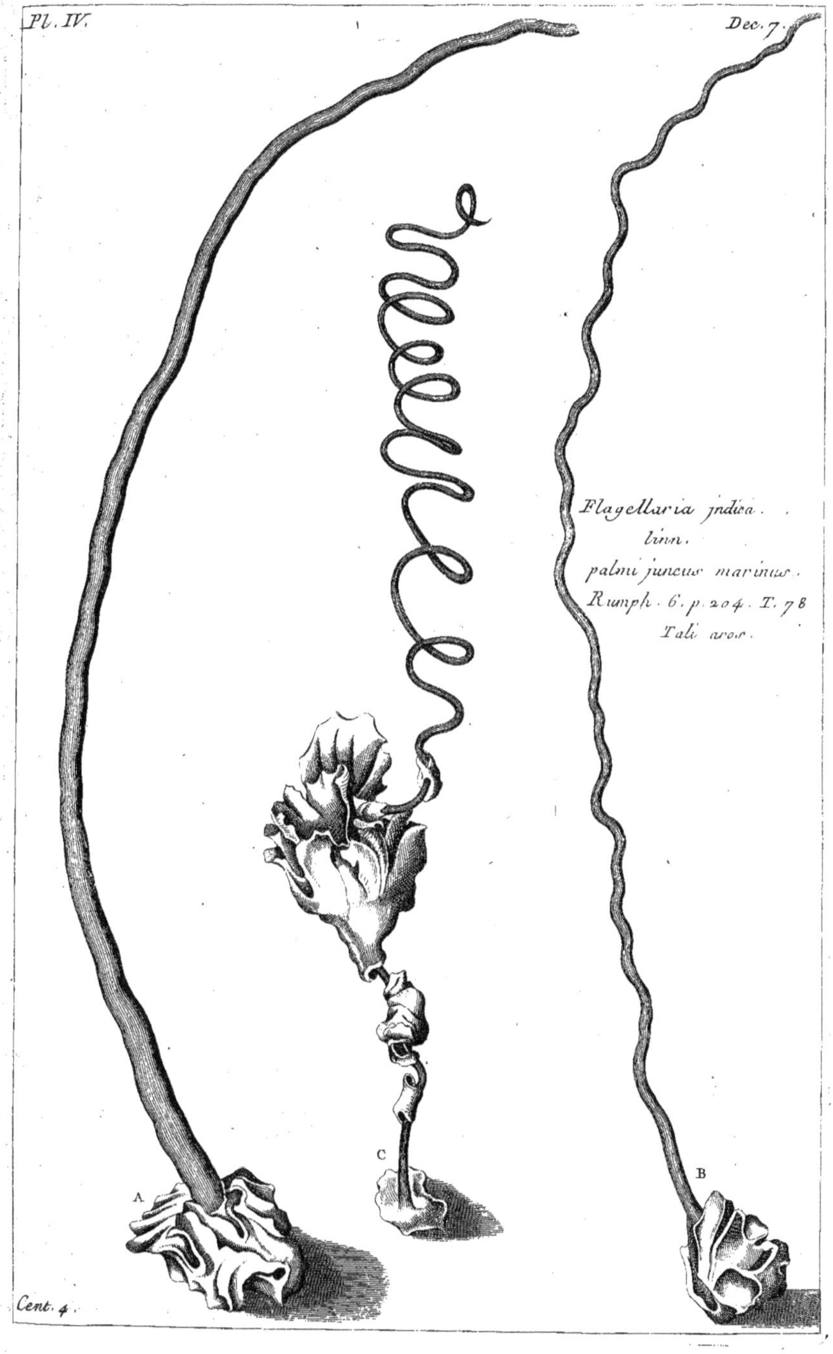

Pl. IV.
Dec. 7.
Flagellaria jndica.
linn.
palmi juncus marinus.
Rumph. 6. p. 204. T. 78
Tali aror.
A
B
C
Cent. 4.

Corallium nigrum, seu
accarbarium nigrum
ramosum. Rumph. 6. p. 201. T. 77.
Corail noir.

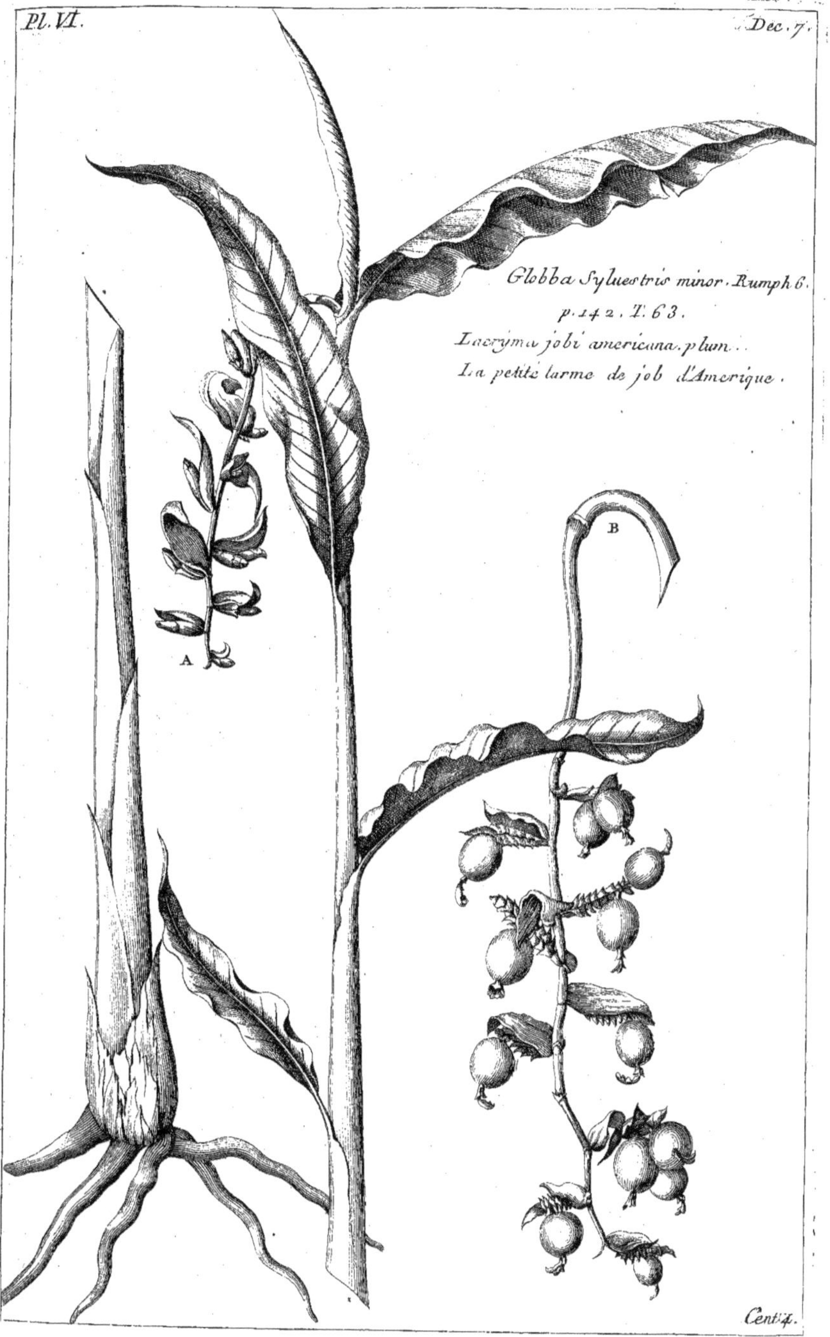
Globba Syluestris minor. Rumph 6.
p. 142. T. 63.
Lacryma jobi americana. plum.
La petite larme de job d'Amerique.
A
B
Centi.

Fig. 1. Herba Spiralis hirsuta. Rumph. 6. p. 144. T. 64.
Fig. 2. Herba Spiralis lævis. Rumph. jbid.
Herbe Spirale.

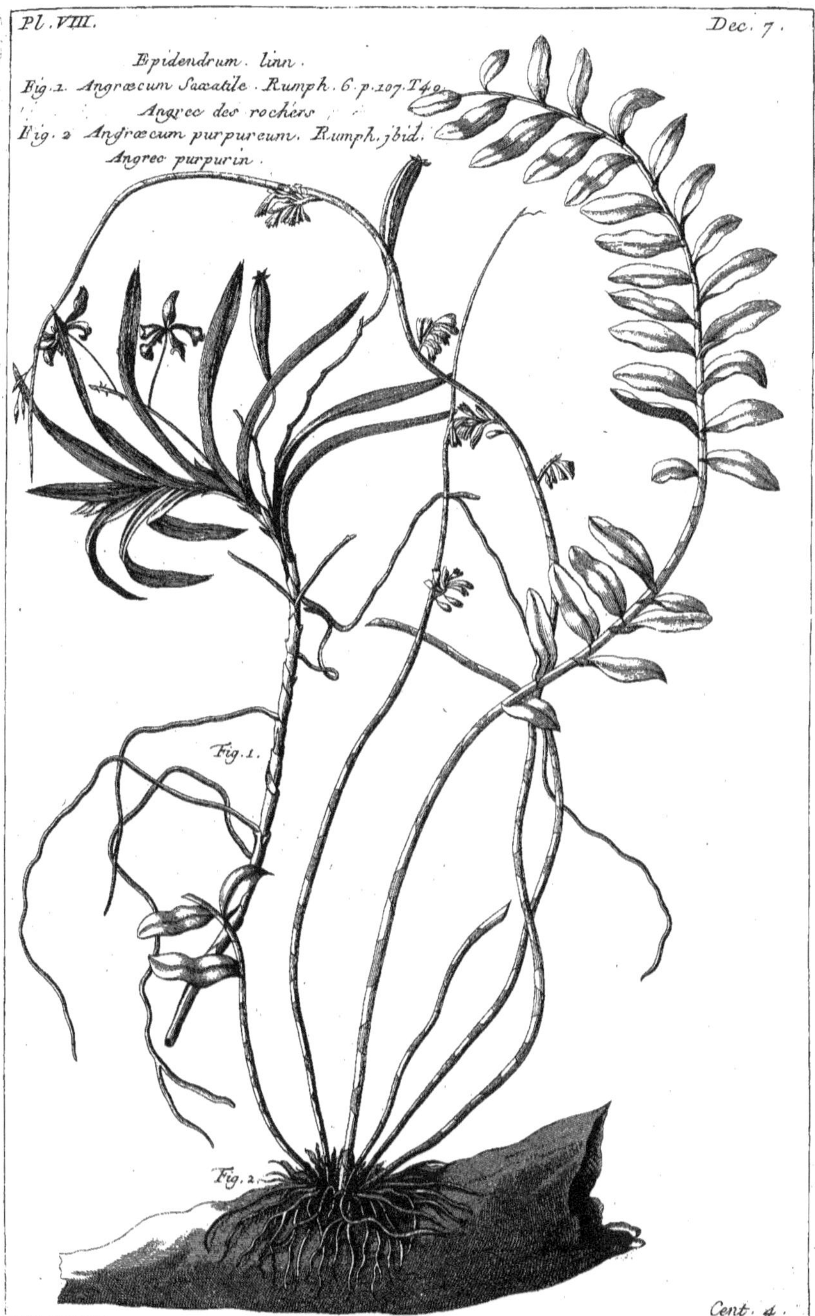
Epidendrum. linn.
Fig. 1. Angræcum Saxatile. Rumph. 6. p. 107. T. 49.
Angrec des rochers
Fig. 2 Angræcum purpureum. Rumph. ibid.
Angrec purpurin
Fig. 1.
Fig. 2.

Epidendrum Scriptum. linn. Sp. Pl.
1351
Angræcum Scriptum. Rumph. 6.
p. 95. T. 42.
helleborine des moluques.

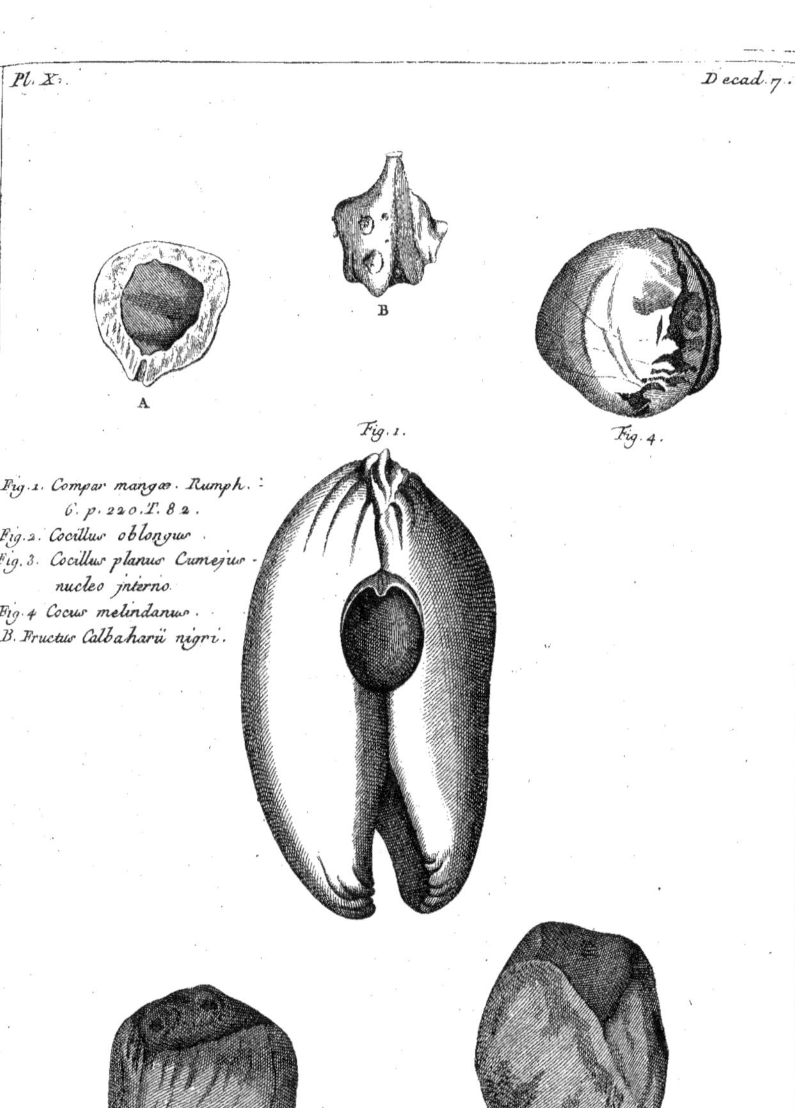

Fig. 1. Compar mangæ. Rumph.:
6. p. 220. T. 82.
Fig. 2. Cocillus oblongus.
Fig. 3. Cocillus planus Cumejus.
nucleo jnterno.
Fig. 4 Cocus melindanus.
B. Fructus Calbaharii nigri.

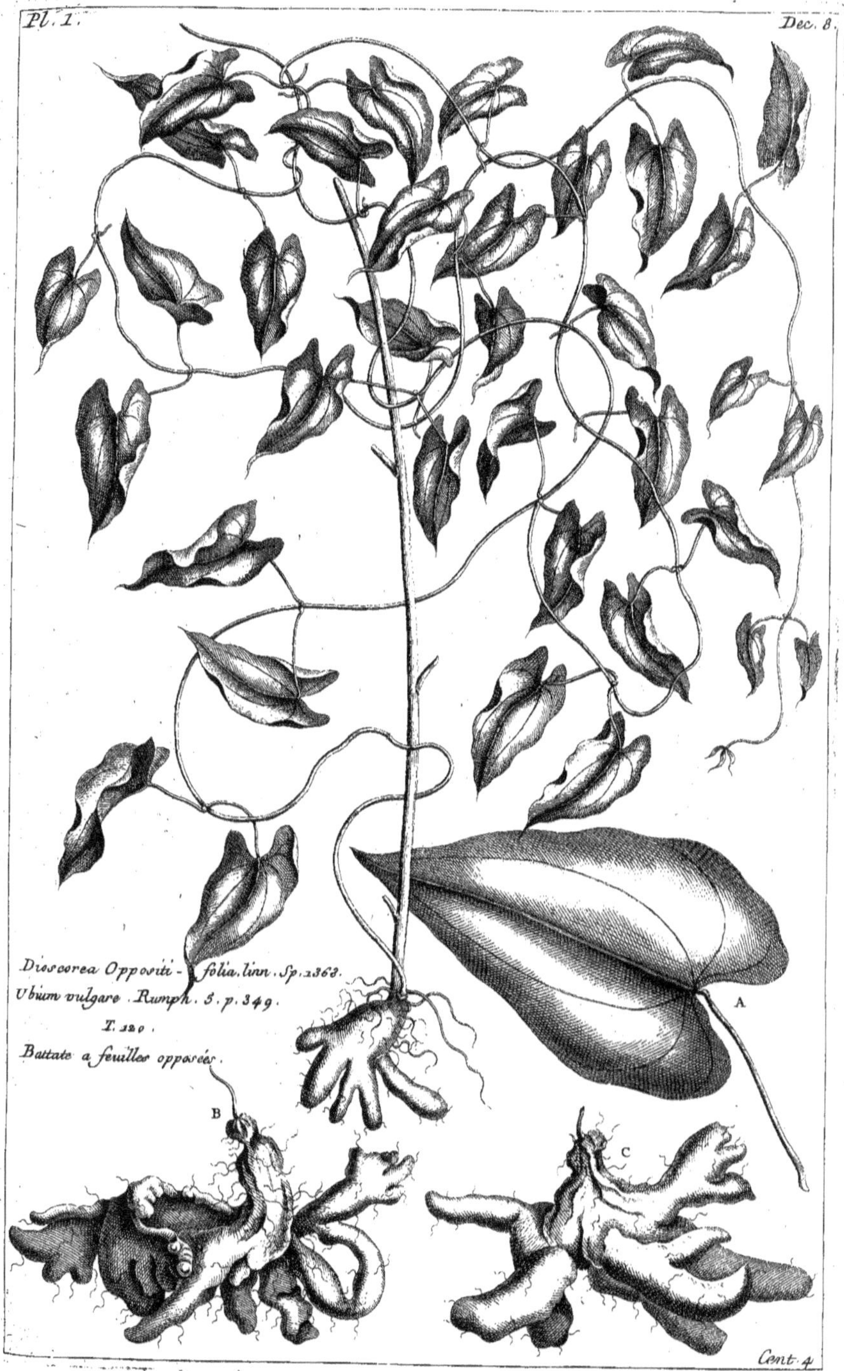

Pl. 1.
Dec. 8.
Dioscorea Oppositi- folia. linn. Sp. 1368.
Ubium vulgare. Rumph. 5. p. 349.
T. 120.
Battate a feuilles opposées.
A
B
C
Cent. 4

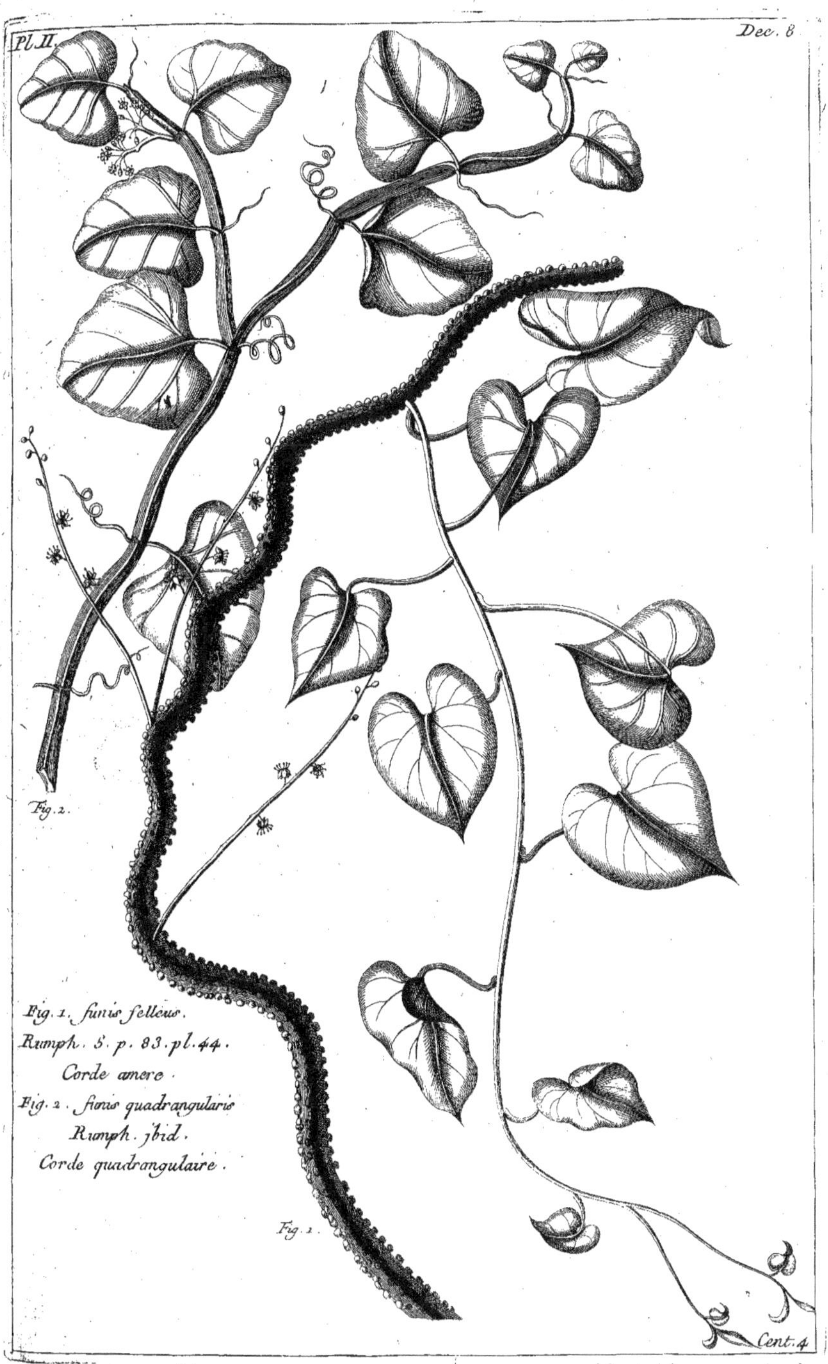

Pl. II
Dec. 8
Fig. 2.
Fig. 1. funis felleus.
Rumph. 5. p. 83. pl. 44.
Corde amere.
Fig. 2. funis quadrangularis
Rumph. ibid.
Corde quadrangulaire.
Fig. 1.
Cent. 4

Pl. III.
Dec. 8.
Fig. 2.
Fig. 1. Appendix Cuscuaria. Rumph.
5. p. 488. T. 183.
Taby Cussu.
Fig. 2. Appendix laciniata. Rumph. jbid.
Pothos pinnata. linn. Sp. plant. 1374.
Sambong.
Fig. 1.
Cent. 4.

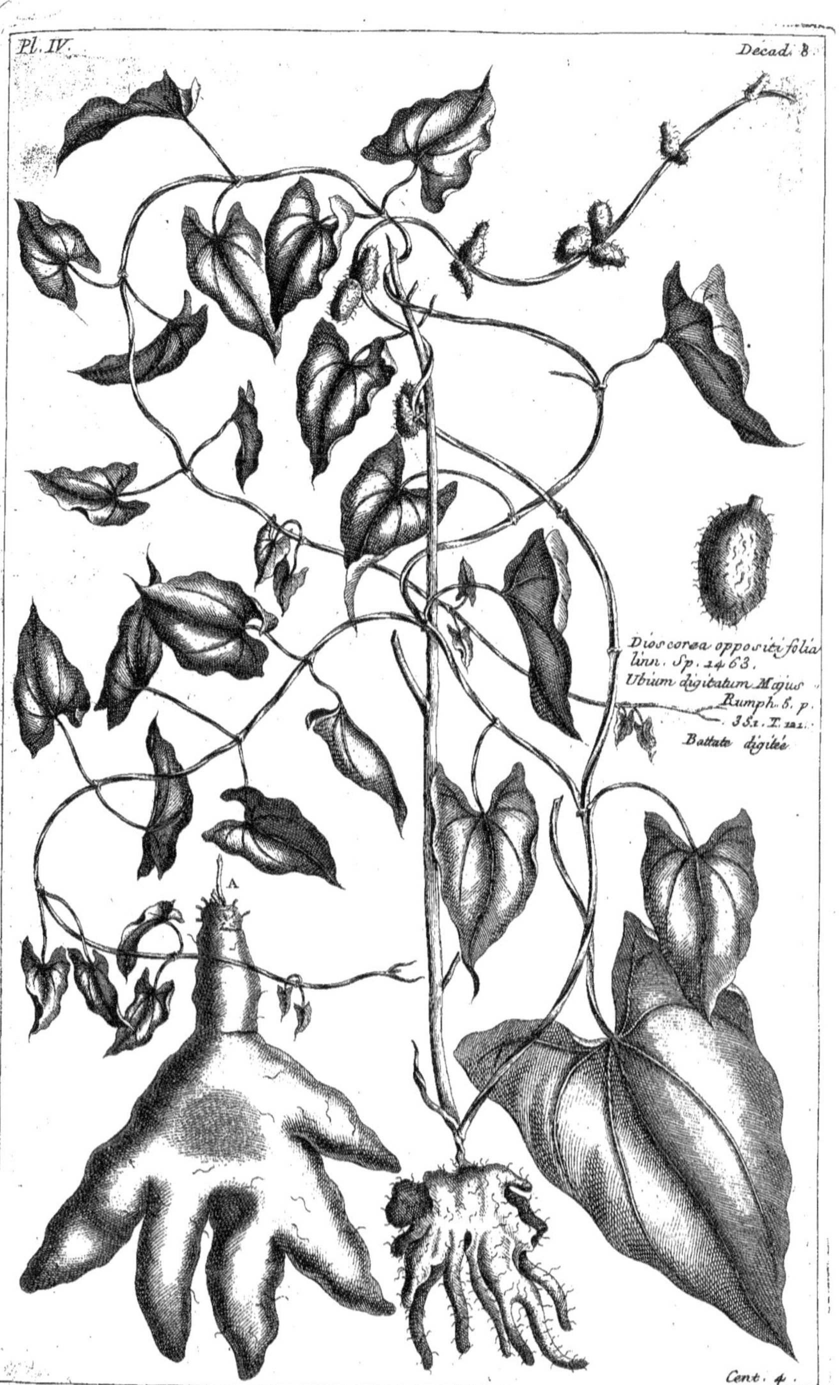
A
Dioscorea oppositifolia
linn. Sp. 1463.
Ubium digitatum Majus
Rumph. 5. p.
35.1. T. 121.
Battate digitée

Funis musarius Rumph. 5.
p. 78. T. 42.
Wali mava.
Corde noire.

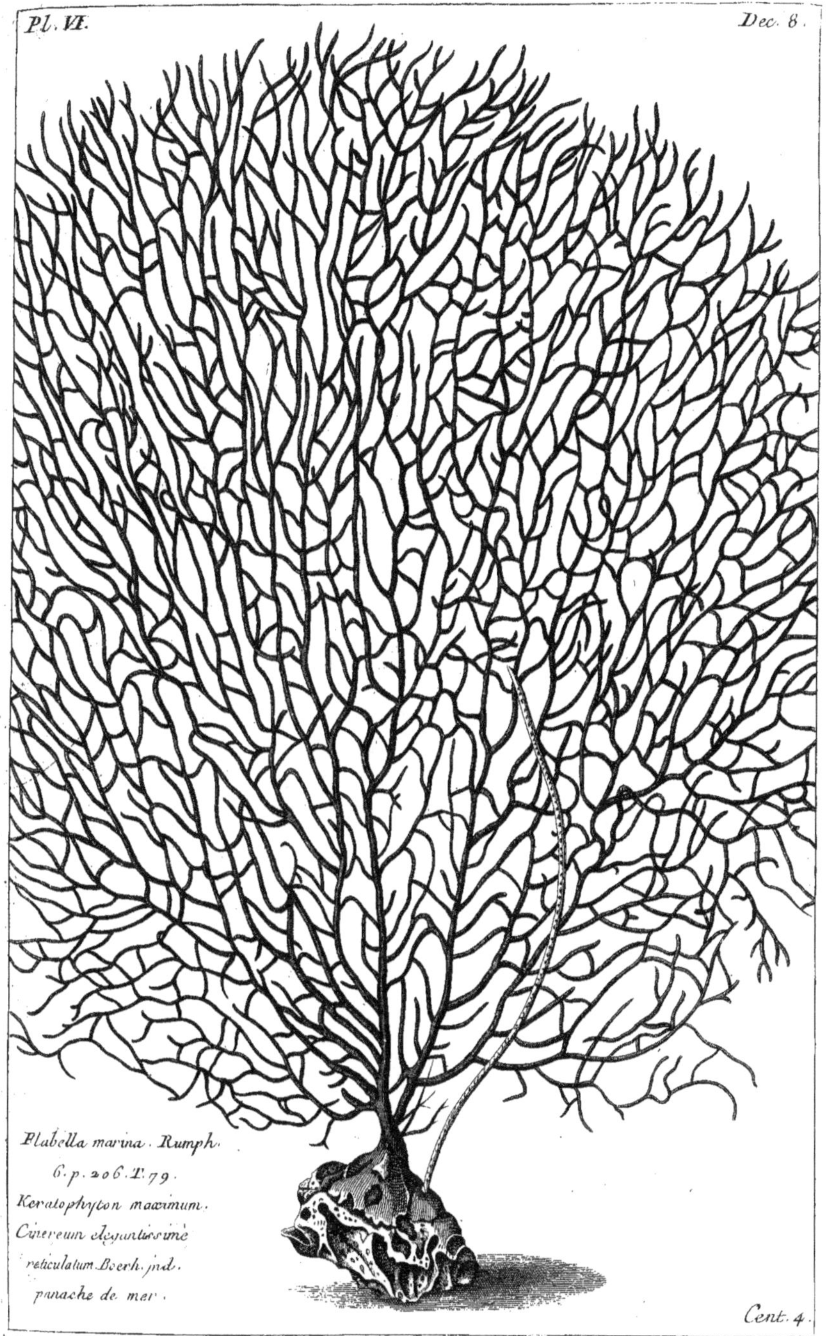

Flabella marina. Rumph.
6. p. 206. T. 79.
Keratophyton maximum.
Cinereum elegantissimè
reticulatum. Boerh. jnd.
panache de mer.

Cent. 4.
Pannrd Sculp.

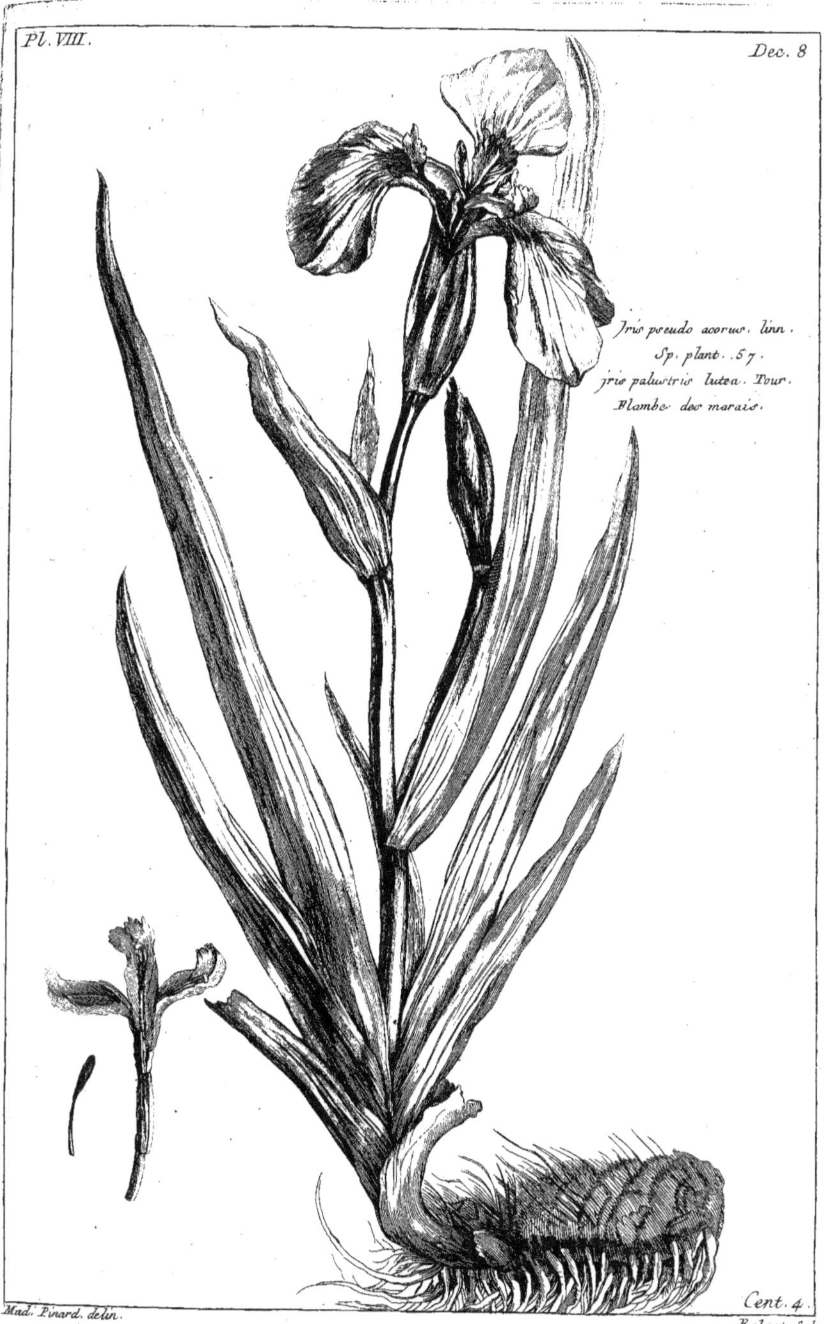
Iris pseudo acorus. linn.
Sp. plant. .57.
jris palustris lutea. Tour.
Flambe des marais.
Mad. Pinard. delin.
Robert. Sculp.
Cent. 4.

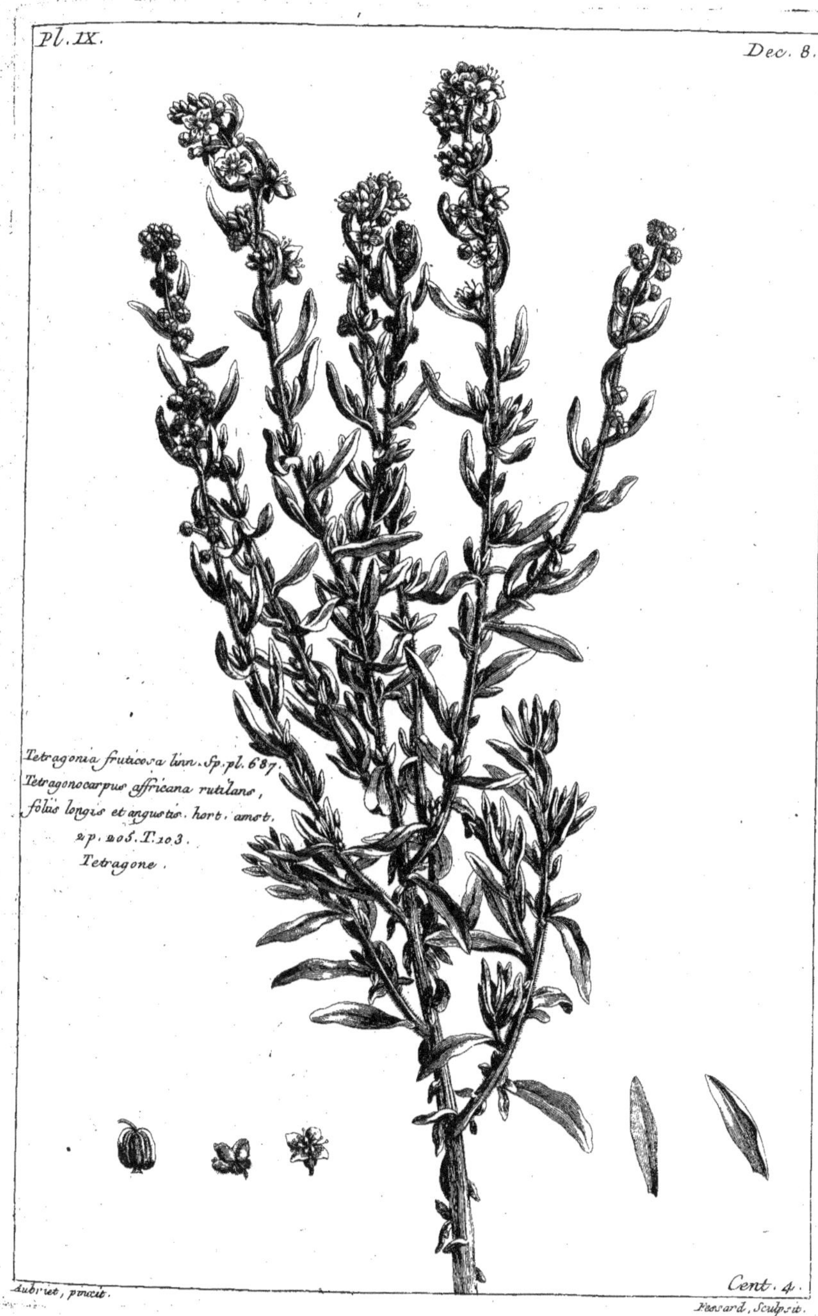

Tetragonia fruticosa linn. Sp. pl. 687.
Tetragonocarpus africana rutilans,
foliis longis et angustis. hort. amst.
2 p. 205. T. 103.
Tetragone.

Aubriet, pinxit.

Fessard, Sculpsit.

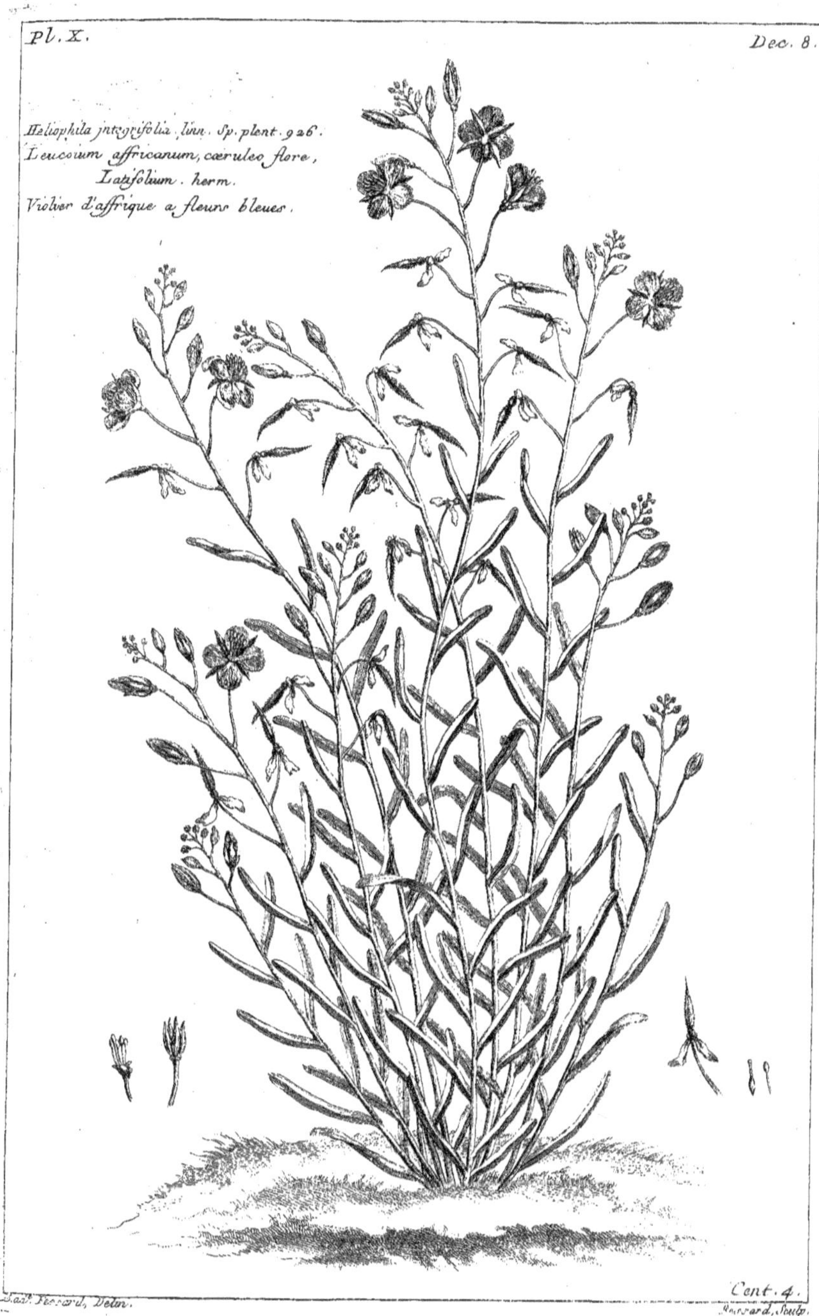
Heliophila integrifolia, linn. Sp. plant. 926.
Leucoium affricanum, cæruleo flore,
Latifolium. herm.
Violier d'affrique a fleurs bleues.

Cent. 4.
Paul Perrard, Delin.
Aarard, Sculp.

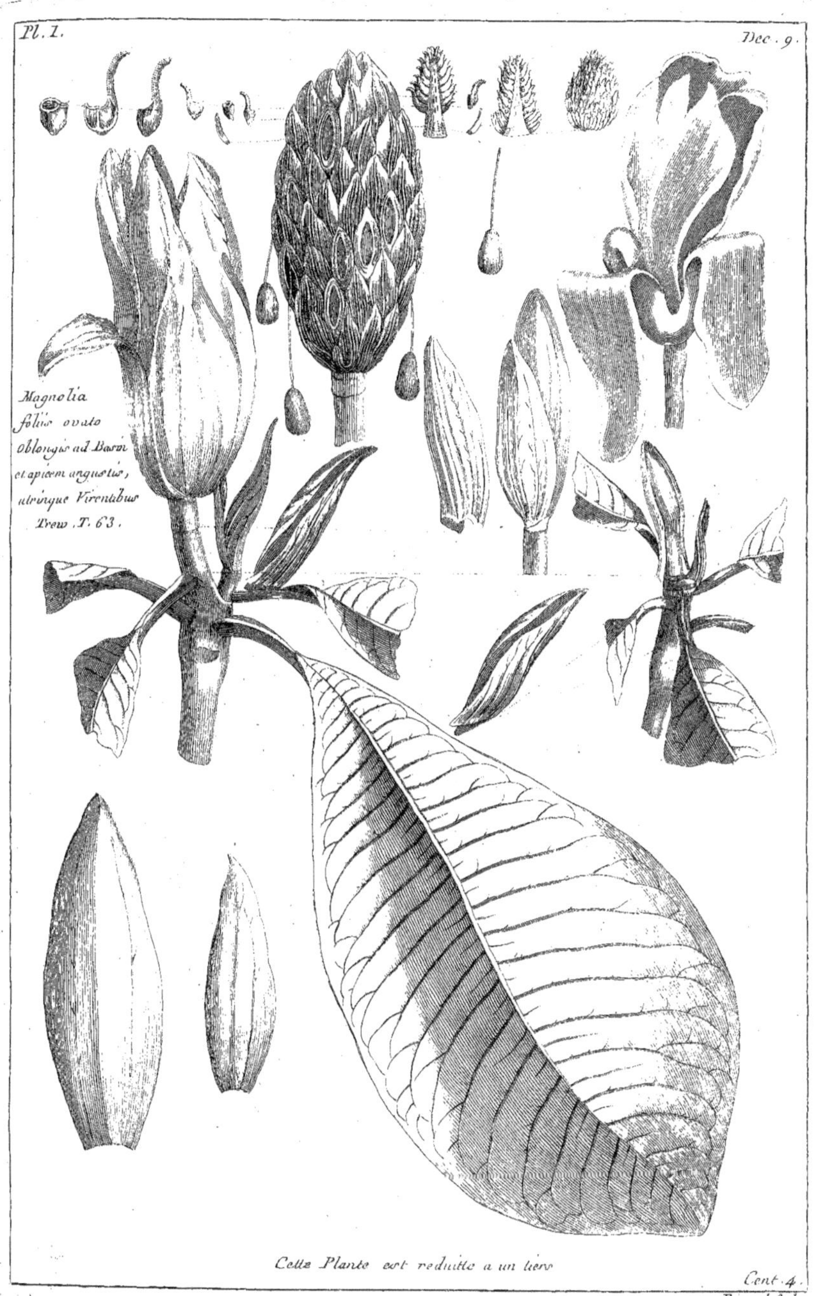

Cette Plante est reduitte a un tiers

Pl. II.
Dec. 9.
Indigo fera Scapo recto foliorum
pinnis oblongis ad apicem
obscure acutis jncanis, florum
Spicis erectis floribus Confertis,
Leguminibus Teretibus erectis glabris
Trew. T. 53. dec. 6.
Plante a jndigo de Trew.
Cent. 4.
Pessard Sculp.

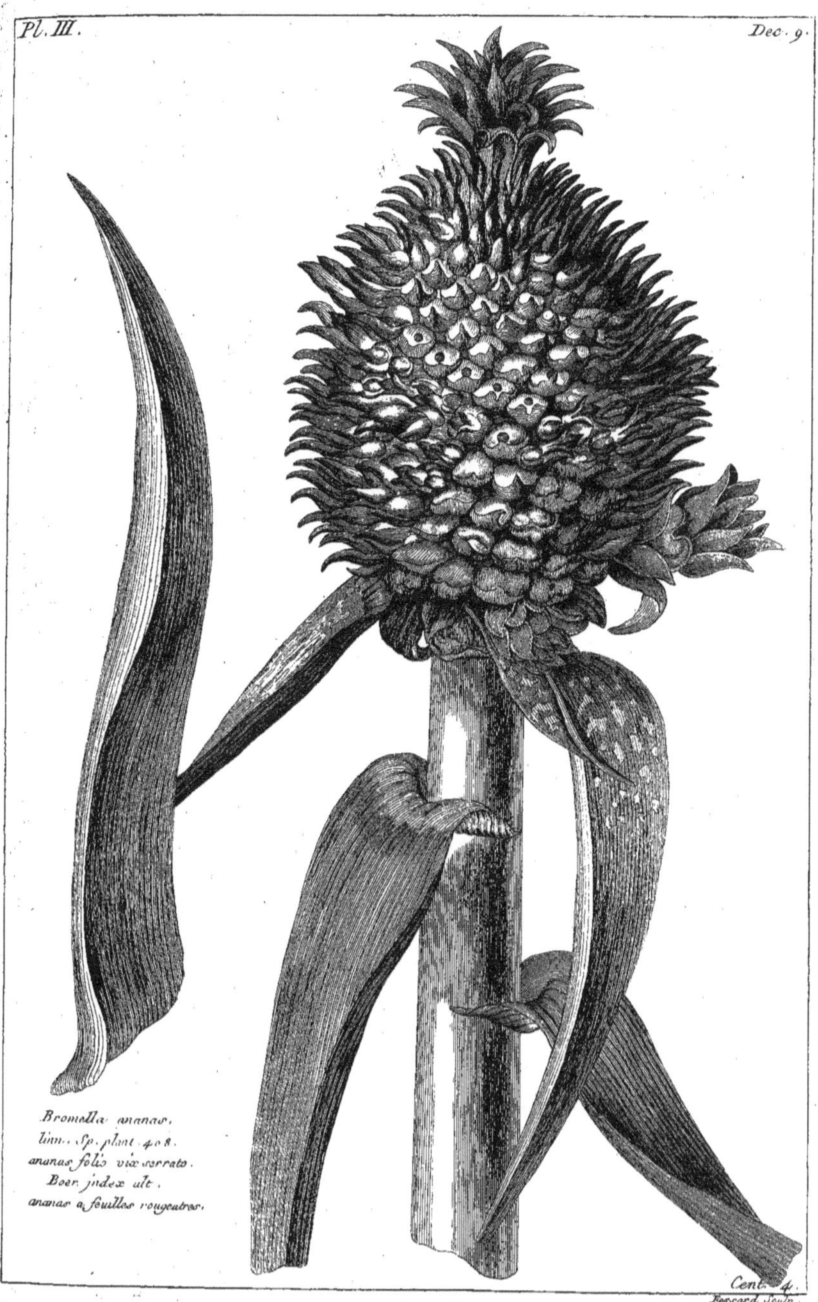
Pl. III.
Dec. 9.
Bromelia ananas.
linn. Sp. plant. 408.
ananas folis vix serrato.
Boer. index ult.
ananas a feuilles rougeatres.
Cent. 4.
Fessard Sculp.

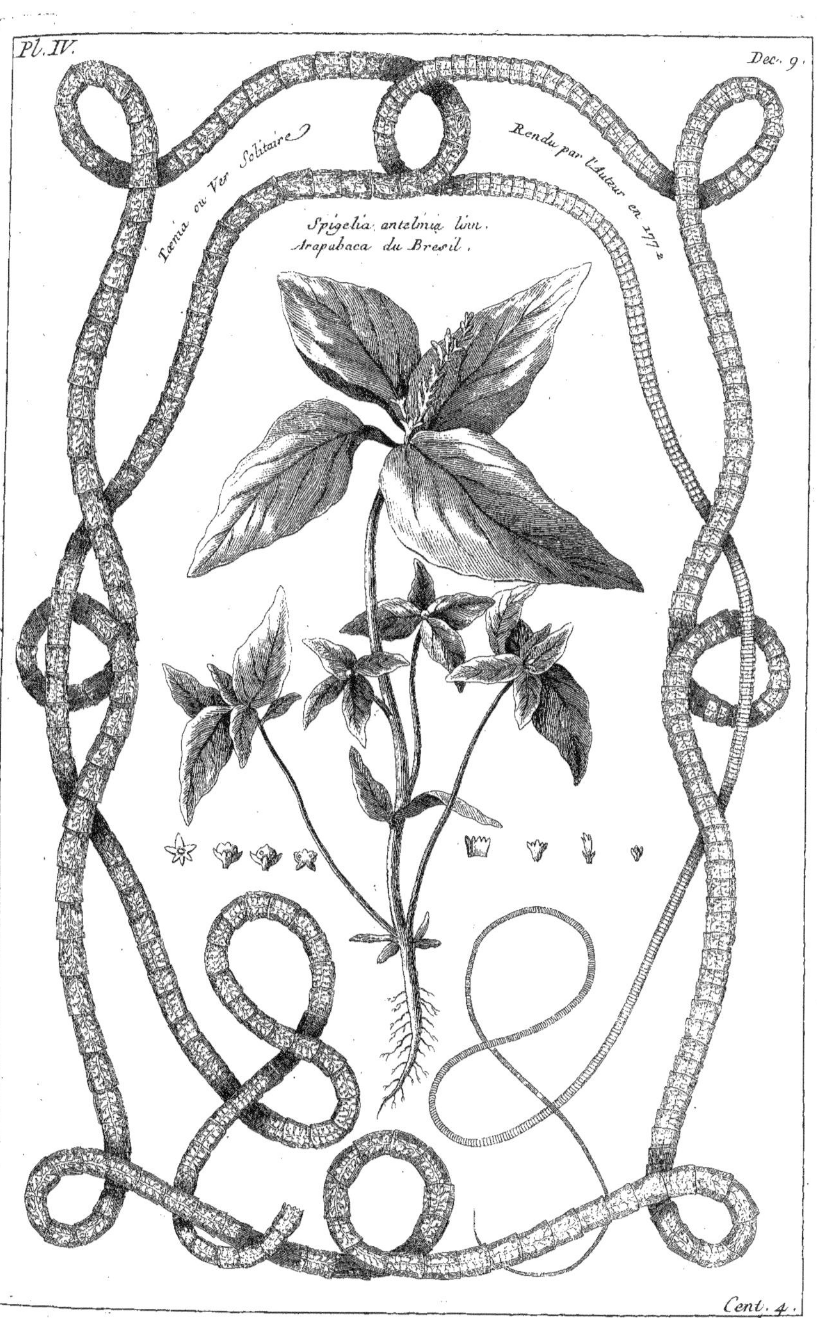

Pl. IV.
Dec. 9.
Tænia ou Ver Solitaire
Rendu par l'Auteur en 1772.
Spigelia antelmia Linn.
Arapabaca du Bresil.
Cent. 4.
Fessard Sculp.

Croton variegatum. linn. Sp. plant.
1424.
Codiæum Sylvestre. Rumph. 4.
p. 70. T. 27.
Trisre maram.

Cassia linn.
flos flavus. Rumph.
4. p. 63. T. 23.
espece de Sené,
fleur jaune.
a

Pl. VII.
Dec. 9.
Arundo arborea fera.
Rumph. 4. p. 29. T. 4.
roseau en arbre Connu soubs
le nom de Bulu Swwangi.
Cent. 4.

Pl. VIII.
Dec. 9.
Gossipium dæmonis. Rumph. 4. p. 38. T. 14.
an hibiscus Zeylanicus linn. ?
Capas antu.
Cent. 4.

Melastoma Aspera . linn . Sp .
plant . 560 .
Fragarius ruber . Rumph . 4 . p . 136 . T. 72 .
Katou - Kadali duc - duc .

Varinga parvi-folia. Rumph.
3. p. 142. T. 90.
Ficus malabarica folio mali.
Cotonei fructu exiguo parvo
rotundo. h. malab.
Figuier de malabar.

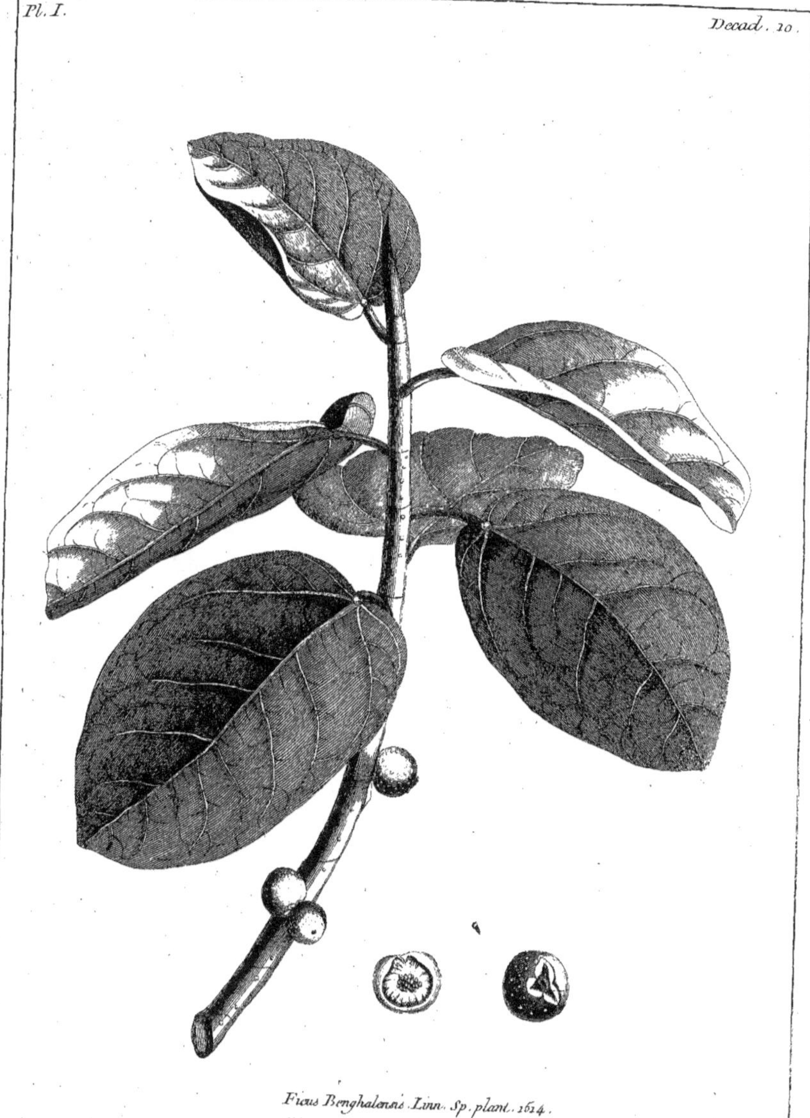

Ficus Benghalensis. Linn. Sp. plant. 1514.
Ficus americana, latiore folio venoso. pluk. phyt. 178.
Figuier de Bengale.

Pl. II.
Decad. 10.
Fig. 1.
Fig. 1. Swertia perennis Linn. Sp. plant. 328.
Swertia. roy. lugd. Bat.
Gentiane des Marais à larges feuilles.
Fig. 2 Aloë retusa. Linn. Sp. plant. 469.
Aloë affricana. Brevissimo, crassissimo que folio. flore.
viridi. comm. Hort.
Fig. 2.
N. Pinard. del.
Cent. 4.
Ferrard. Sculp.

Fig. 1. Nerion oleander Linn. Sp. plant.
Nerion floribus rubescentibus. T. 605.
Laurier Rose à fleurs Rouges.
Fig. 2. Nerion floribus albicantibus.
Laurier Rose à fleurs Blanches.
Fig. 3. Epilobium angustifolium. Linn. Sp. plant.
Lysimachia chamænerion dicta angustifolia.
        piv. 246.
Herbe de St. Antoine.

Corallodendron foliis Ternatis Caule symplicissimo
Inermi, floribus Clausis, leguminibus nodosis
Trew Icon. T. 58.
Corallodendron à Siliques noüeuses.

Lagondium vulgare. Rumph. 4. p. 60. T. 18.
Vitex trifolia. Linn. Sp. plant. 890.
Jasmin des Indes.

Ixora coccinea. Linn. Sp. plant. 159.
Flamma sylvarum peregrina. Rumph. 4. p. 207. T. 47.
Arbre des Indes, à feuilles de laurier.

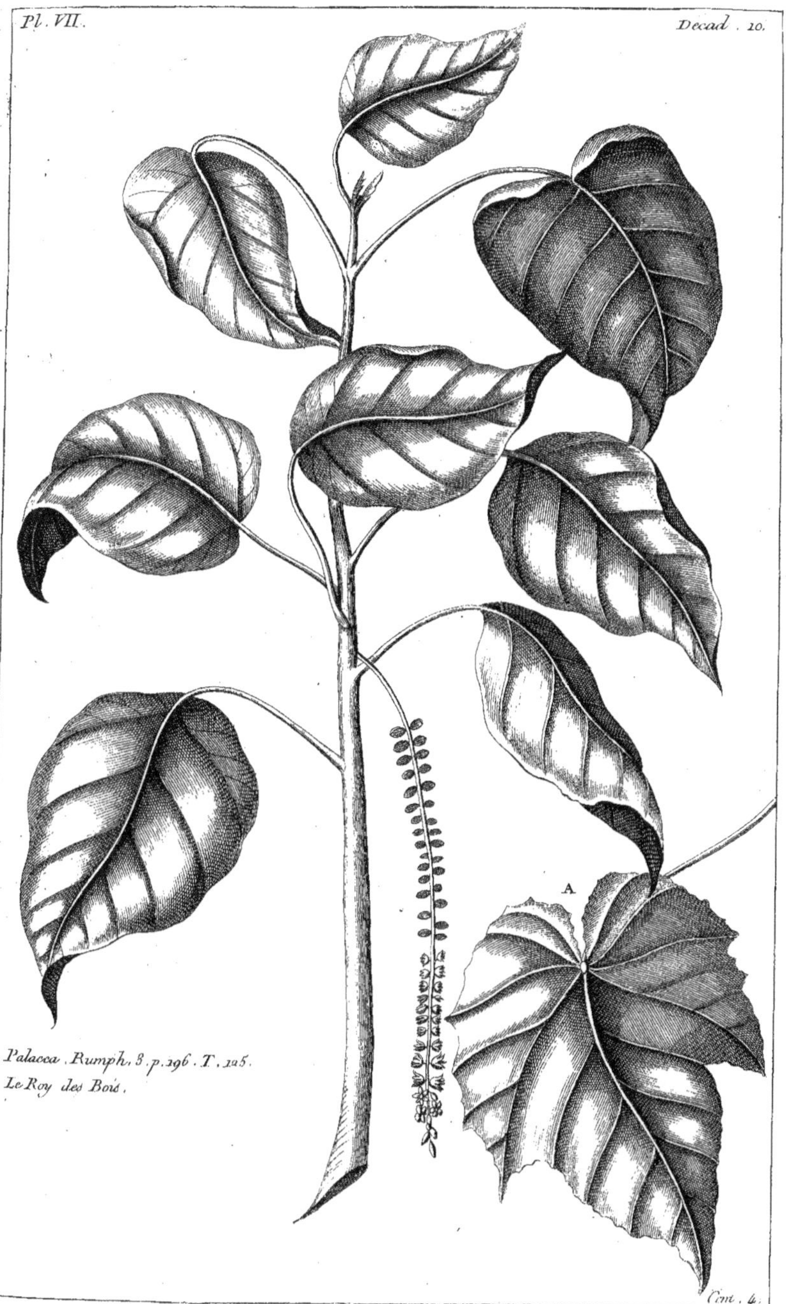

Pl. VII.
Decad. 10.
Palacca. Rumph. 3. p. 296. T. 195.
Le Roy des Bois.
A
Com. 4.

Ficus pumila. Linn. Sp. plant. 1516.
Supa arbor. Rumph. 3. p. 134. T. 86.
Figuier de la Chine.

Pl. IX.
Decad. 10.
Vidorium sylvestre. Rumph. 3. p. 186. T. 118.
Widorick utan.
Cent. 4.

Vidorum sylvestre. Rumph. 3. p. 186. T. 118.
Widorick utan.

Pl. X. Thea Bohea. Linn. Sp. plant. 734. Le vrai Arbre de Thé.
Decad. 10.
Fig. 3.
Fig. 6.
Fig. 7.
Fig. 8.
Fig. 9.
Fig. 22.
Fig. 13.
Fig. 14.
Fig. 1. T.
Fig. 15.
Fig. 5.
Fig. 4.
Fig. 27.
Fig. 16.
Fig. 2.
Fig. 11.
Fig. 10.
Cent. 4.

HISTOIRE

UNIVERSELLE

DU RÈGNE VÉGÉTAL,

OU

NOUVEAU DICTIONNAIRE

PHYSIQUE ET ÉCONOMIQUE

DE TOUTES LES PLANTES QUI CROISSENT SUR LA SURFACE DU GLOBE:

CONTENANT leurs noms Botaniques & Triviaux dans toutes les Langues, leurs claſſes, leurs Familles, leurs Genres & leurs Eſpèces ; les endroits où on les trouve le plus communément ; leur culture ; les animaux auxquels elles peuvent ſervir de nourriture ; leurs analyſes chymiqués ; la manière de les employer pour nos alimens, tant ſolides que liquides ; leurs propriétés, non-ſeulement pour la Médecine des hommes, mais encore pour celle des animaux ; les doſes & la manière de les formuler, & les différens uſages pour leſquels on peut s'en ſervir dans les Arts & Métiers, &c. &c. &c.

ON y a joint une *Bibliothèque raiſonnée de tous les livres de Botanique, l'explication des différens termes uſités dans cette partie de l'Hiſtoire Naturelle ; une notice de tous les ſyſtêmes, & enfin la liſte des Profeſſeurs & des Jardins Botaniques de l'Europe.*

Ouvrage orné de 1200 Planches gravées en taille-douce par les meilleurs Maîtres, & deſſinées d'après nature.

Par M. BUC'HOZ, *Docteur en Médecine, Médecin Botaniſte de Monſieur, frère du Roi, & Médecin de Quartier Surnuméraire de ſa Maiſon, ancien Médecin de quartier de Monſeigneur le Comte d'Artois, & Médecin ordinaire de feu Sa Majeſté le Roi de Pologne, Aggrégé au Collège Royal & à la Faculté de Médecine de Nancy, Aſſocié des Académies de Mayence, de Châlons, d'Angers, de Dijon, de Béziers, de Caen, de Bordeaux & de Metz, Correſpondant de celles de Rouen & de Toulouſe ; Membre de la Société Royale d'Agriculture de Rouen.*

TOME CINQUIEME DES PLANCHES.

A PARIS.

Chez BRUNET, Libraire, rue des Écrivains, vis-à-vis le Cloître Saint-Jacques-la-Boucherie.

M. DCC. LXXV.

Avec Approbation & Privilége du Roi.

Fig.1 Camean. Rumph. auct. p. 14.
T. 8.
Fig. 2 Arbor nussalanica. Rumph. ibid
Caju somin.
Fig. 2
Fig. 2

Pl. II.
Decad. 1.
Ricinus tanarius, Linn. Sp. plant. 1430.
Tanarius minor, Rumph. 3. p. 230.
T. 121.
Ricin connu sous le nom de Sama.
A
Cent. 5.

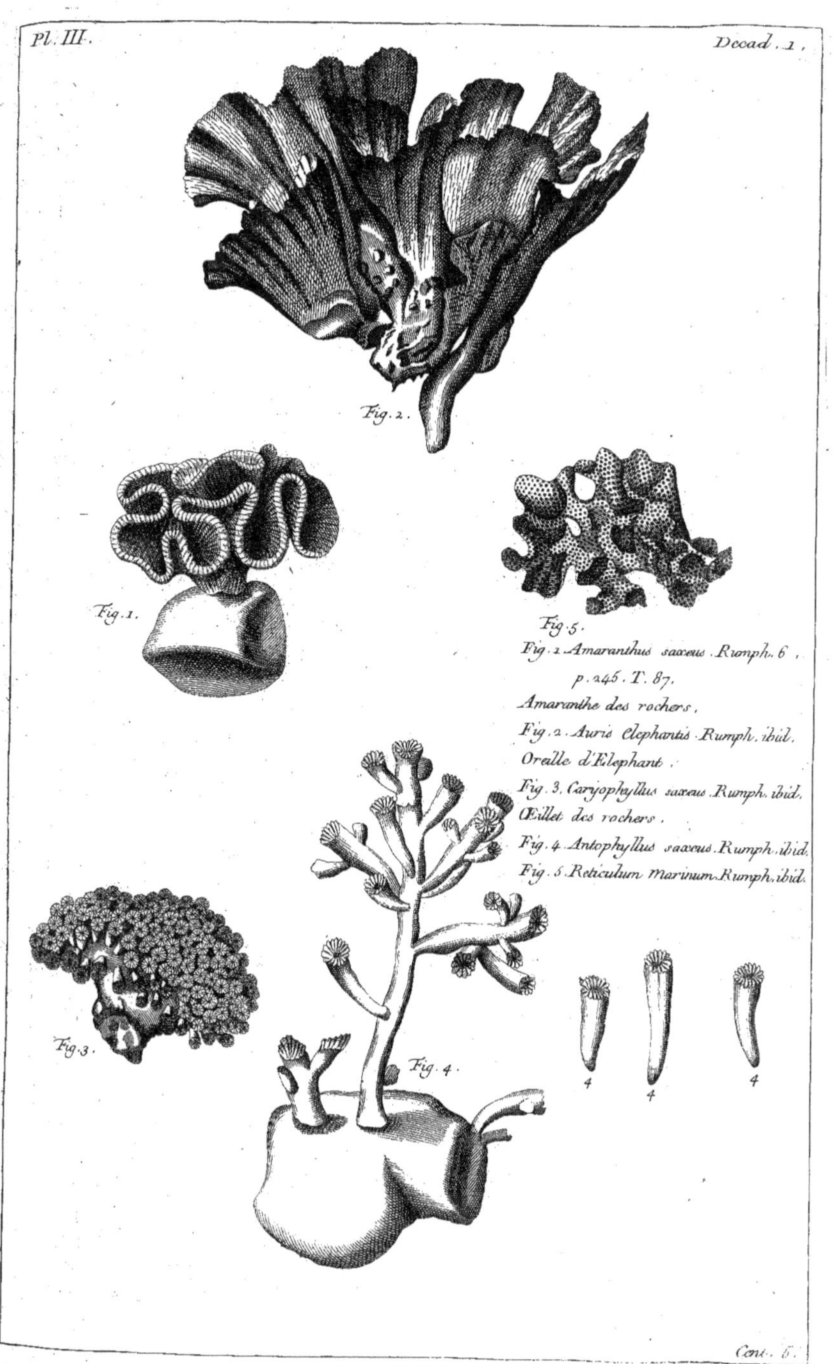

Fig. 1. Amaranthus saxeus. Rumph. 6,
p. 245. T. 87.
Amaranthe des rochers.

Fig. 2. Auris Elephantis. Rumph. ibid.
Oreille d'Elephant.

Fig. 3. Caryophyllus saxeus. Rumph. ibid.
Œillet des rochers.

Fig. 4. Antophyllus saxeus. Rumph. ibid.

Fig. 5. Reticulum Marinum. Rumph. ibid.

Pl. IV.
Decad. 1.
Maranta galanga. Linn. Sp. plant. 3.
Galanga major. Rumph. 5. p. 143. T. 63.
Galanga de la grande espèce.
Cent. 5.

Ophioglossum flexuosum. Linn. Sp. plant. 1519.
Adianthum volubile majus Rumph. 6. p. 75. T. 32.
Valli-panna.

Pl. VI.
Decad. 1.
Epidendron Linn.
Fig. 1. Angræcum caninum.
Rumph. 6. p. 106. T. 77.
Fig. 2. Angræcum crumena-
tum. Idem.
Espece d'Helleborine
d'Amboine.
Fig. 1.
Fig. 2.
Cent. 5.

Epidendrum. Linn.
Angræcum septimum, seu flavum.
Rumph. 6. p. 104. T. 45.
Angrec tsjampacca.

Pl. VIII.
Decad. 1.
Fig. 1. Epidendrum furvum Linn. Sp. plant. 1348.
Angræcum octavum sive furvum. Rumph. 6. p. 205.
Thalia-maravara.
Fig. 2. Angræcum nonum. Rumph. ibid.
Elleborine d'Amboine.
Fig. 2.
Fig. 1.
Cent. 5.

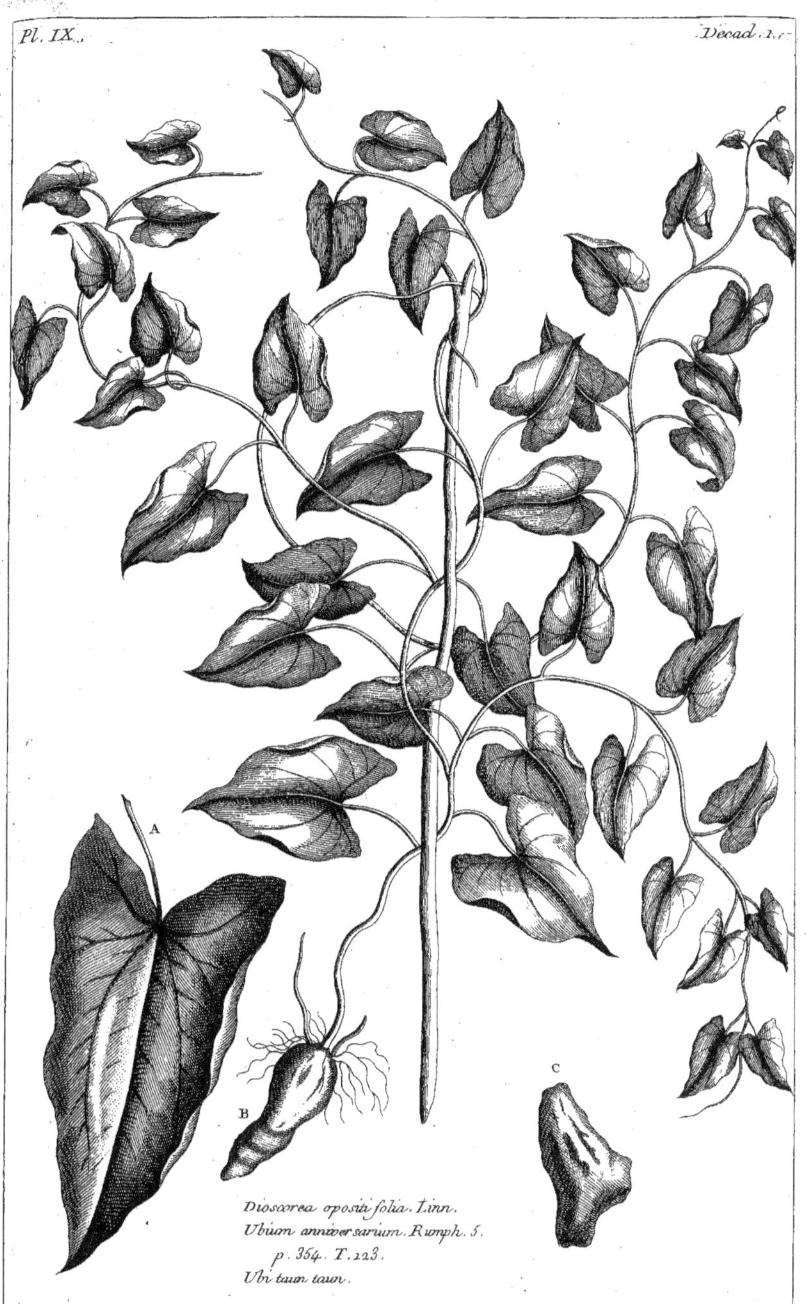

Dioscorea opositi folia. Linn.
Ubium anniversarium. Rumph. 5.
p. 354. T. 123.
Ubi taun taun.

Canarium decumanum. Rumph. a. p. 166. T. 55.
Canary besaar.
A
B

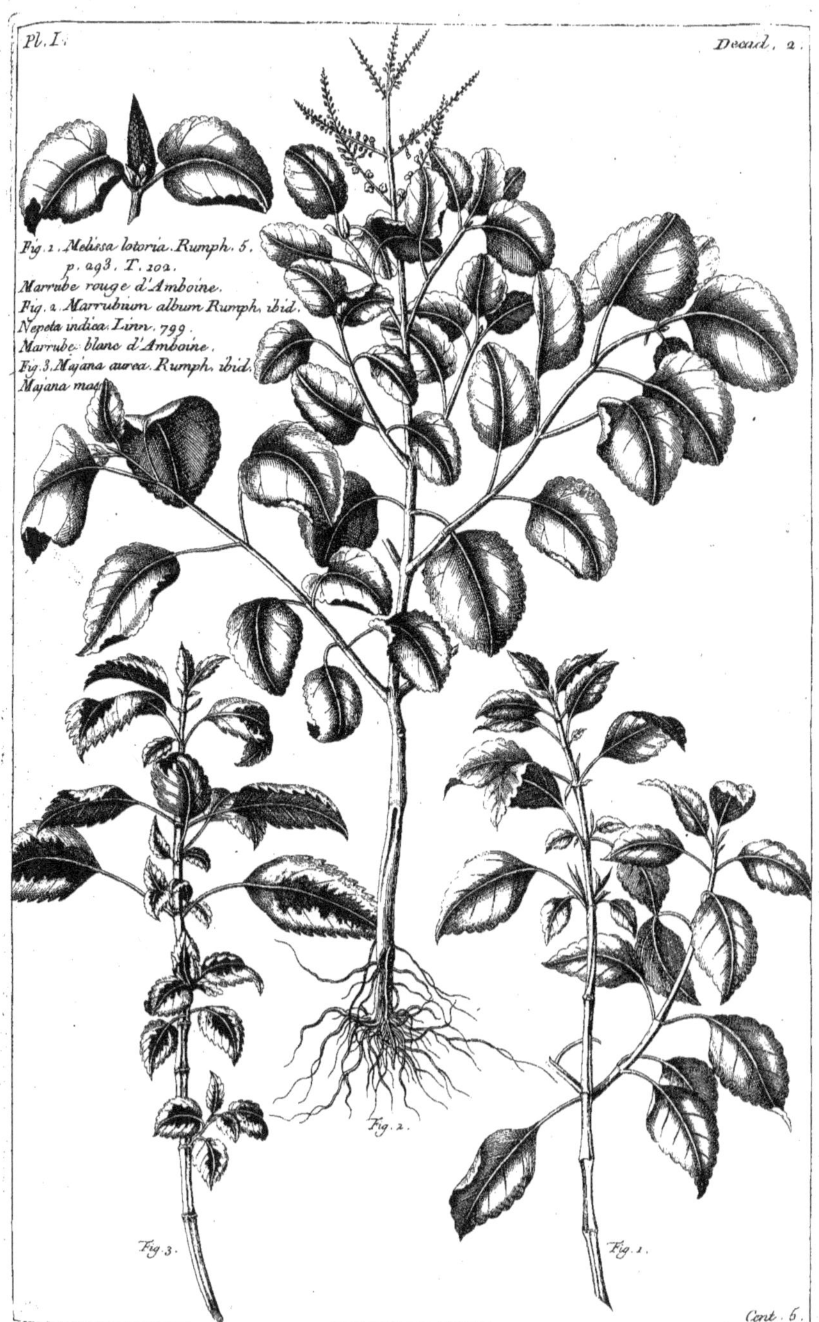

Pl. I.
Decad. 2.
Fig. 1. Melissa lotoria. Rumph. 5.
p. 293. T. 102.
Marrube rouge d'Amboine.
Fig. 2. Marrubium album Rumph. ibid.
Nepeta indica. Linn. 799.
Marrube blanc d'Amboine.
Fig. 3. Majana aurea. Rumph. ibid.
Majana mas
Fig. 2.
Fig. 3.
Fig. 1.
Cent. 6.

Fig. 4.

Fig. 3.

Fig. 1.

Fig. 1. Pontederia, Linn.
Olus palustris. Rumph. 6., p. 179. T. 46.
Legume des marais.
Fig. 2. Acorus marinus. Rumph. ibid.
Acore de Mer.
Fig. 3. Nidus esculentus. Rumph. ibid.
Nid bon à manger.
Fig. 4. Avicula quæ hunc nidum format.
	Rumph. ibid.
Petit Oiseau qui forme ces Nids.

Fig. 2.

Cent. 5.

Funis pulassarius. Rumph. 5.
p. 34. T. 21.
Lignum scholare.
Bois des Ecoles.

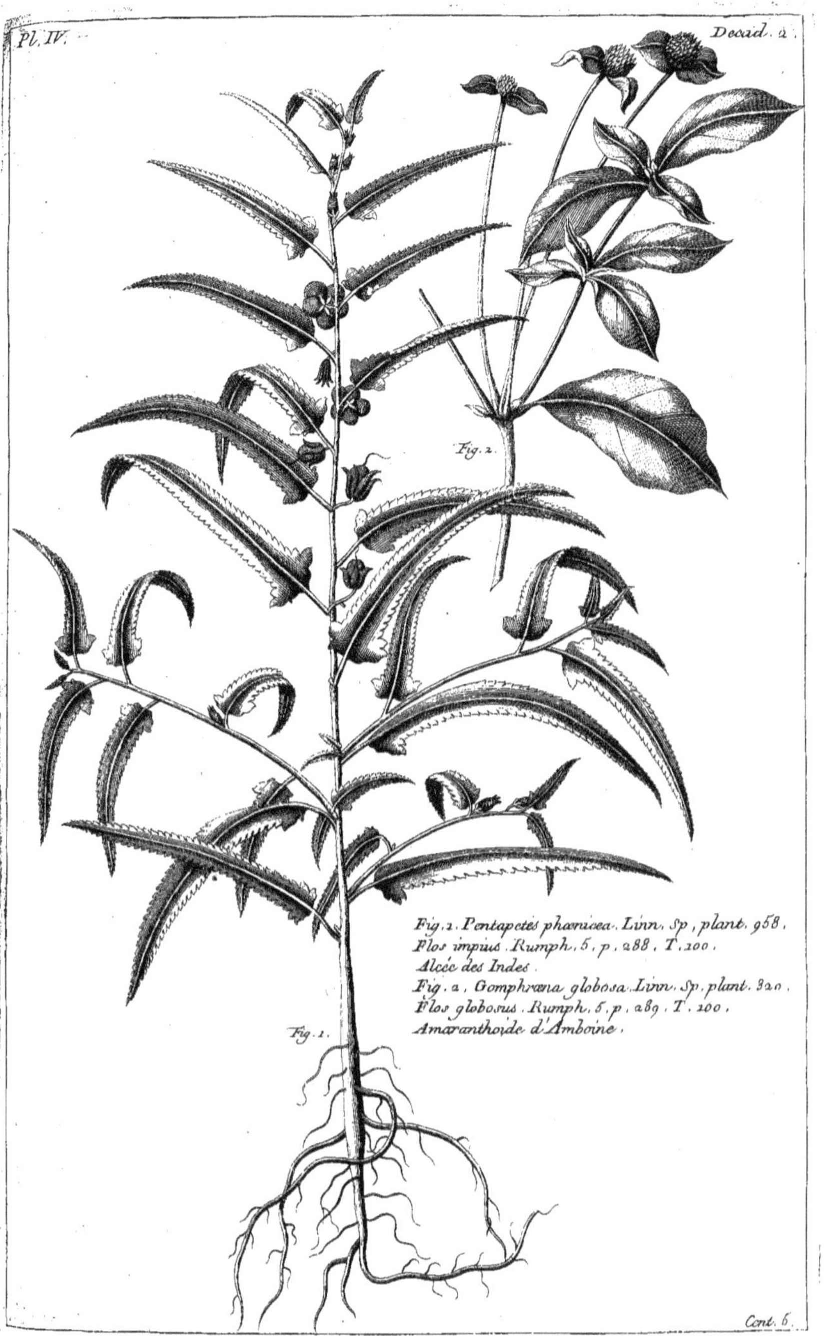

Fig. 2. Pentapetes phœnicea. Linn. Sp. plant. 958.
Flos impius. Rumph. 5. p. 288. T. 100.
Alcée des Indes.
Fig. 1. Gomphræna globosa. Linn. Sp. plant. 320.
Flos globosus. Rumph. 5. p. 289. T. 100.
Amaranthoïde d'Amboine.

Camunium . Rumph. 6. p. 28 . T. 17.
Camuneng .

Pl. VI.
1jccaul. 2.
Fig. 1.
Fig. 2.
Fig. 1. Osmunda. Linn.
Filix florida. Rumph. 6. p. 78. T. 35
Fougere d'Amboine.
Fig. 2. Polypodium quercifolium. Linn.
Polypodium Indicum minus, sive.
glabrum. Rumph. 6. p. 78. T. 35.
Petit Polypode des Indes.
Cent. 5.

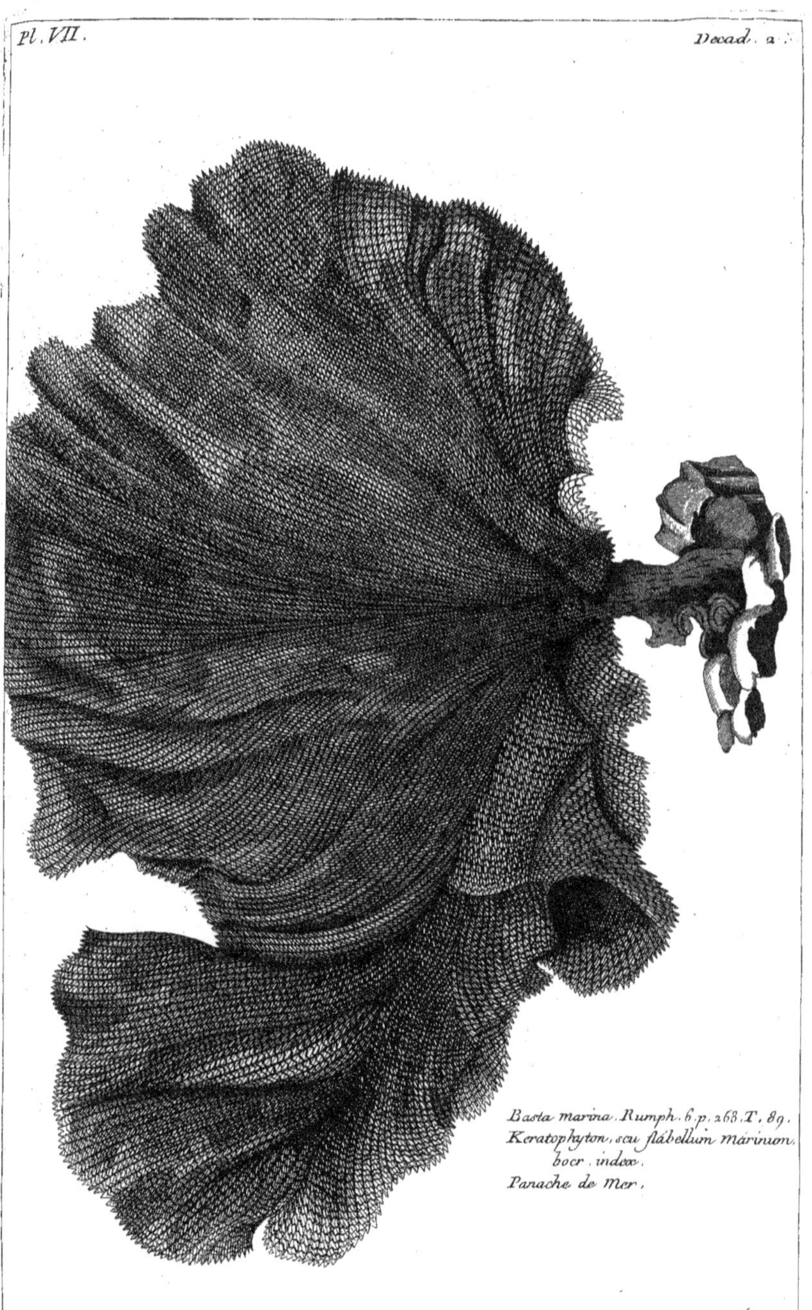

Basta marina. Rumph. 6. p. 268. T. 89.
Keratophyton, seu flabellum marinum.
bocr. index.
Panache de Mer.

Hibiscus mutabilis. Linn. Sp. plant. 977.
Flos horarius. Rumph. 4. p. 27. T. 9.
Rose de la Chine.
C
D
A
B

Gossypium arboreum. Linn. 975.
Gossypium latifolium. Rumph. 4. p. 37. T. 13.
Coton en Arbre.

Pl. X.
Decad. 2.
Fig. 1.
Fig. 2.
Fig. 1. Terminalis alba. Rumph. 4.
p. 81. T. 24.
Fig. 2. Terminalis rubra. ibid.
La feuille Menteuse.
Cori. 5.

Pl. I.
Decad. 3.
Sirifolia littorea. Rumph. 3. p. 66.
T. 37.
Sesel. laut.
Cent. 6.

Pl. II.
Decad. 3.
A
Rhizophora. Linn.
Mangium caryophylloides. Rumph. 3.
p. 120. T. 77.
Mangi Mangi Tsjencks.
Cent. 5.

Fructus bobæ Rumph. 3.
p. 266. T. 106.
Caju boba.
Cent. 5.

Ebenus alba. Rumph. 3. p. 9. T. 3.
Caju arang pati.
Ebenier Sauvage.
A

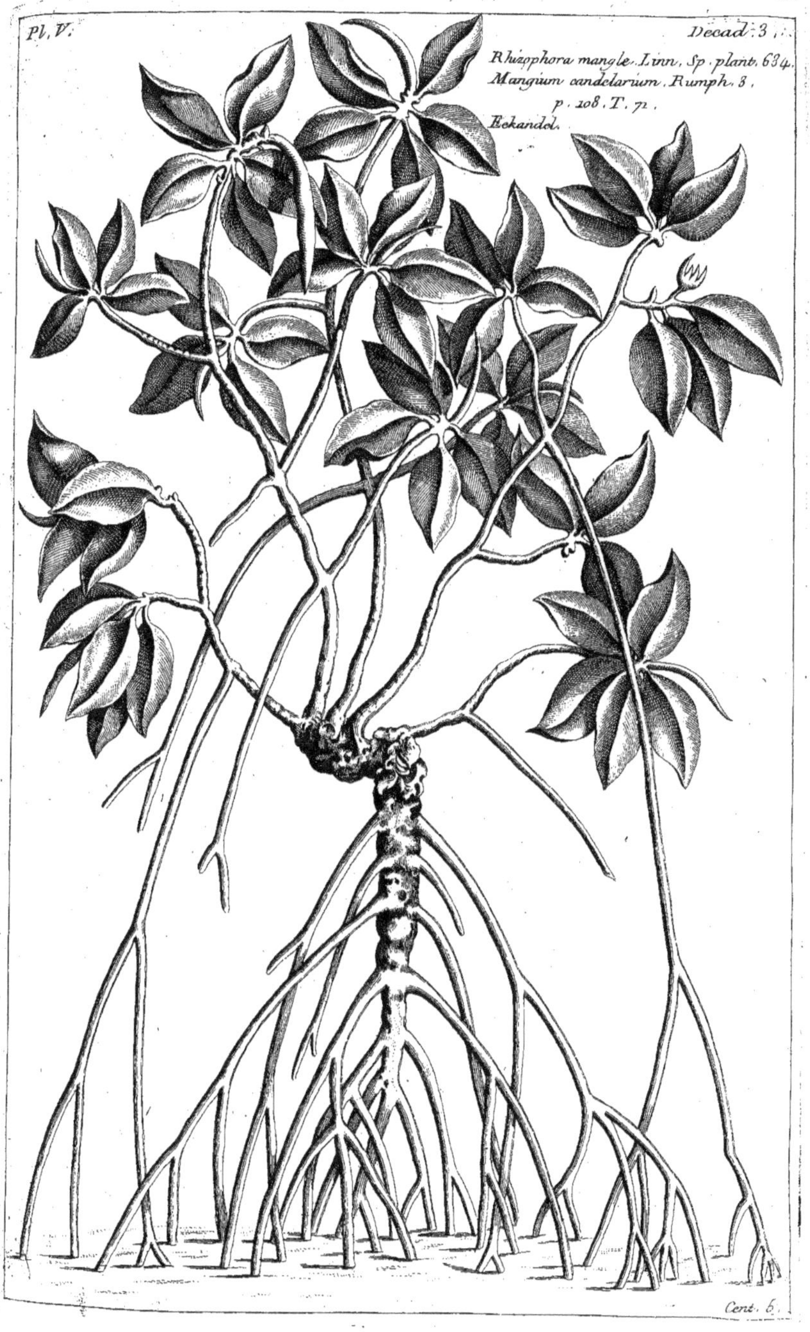
Pl. V.
Decad. 3.
Rhizophora mangle. Linn. Sp. plant. 634.
Mangium candelarium. Rumph. 3.
p. 108. T. 71.
Eckandel.
Cent. 6.

Ebenus Molucca. Rumph. 3.
p. 8. T. 2.
Ebenier des Moluques
A

Atunus littorea. Rumph. 3. p. 96. T. 63.
Atun laut.
A

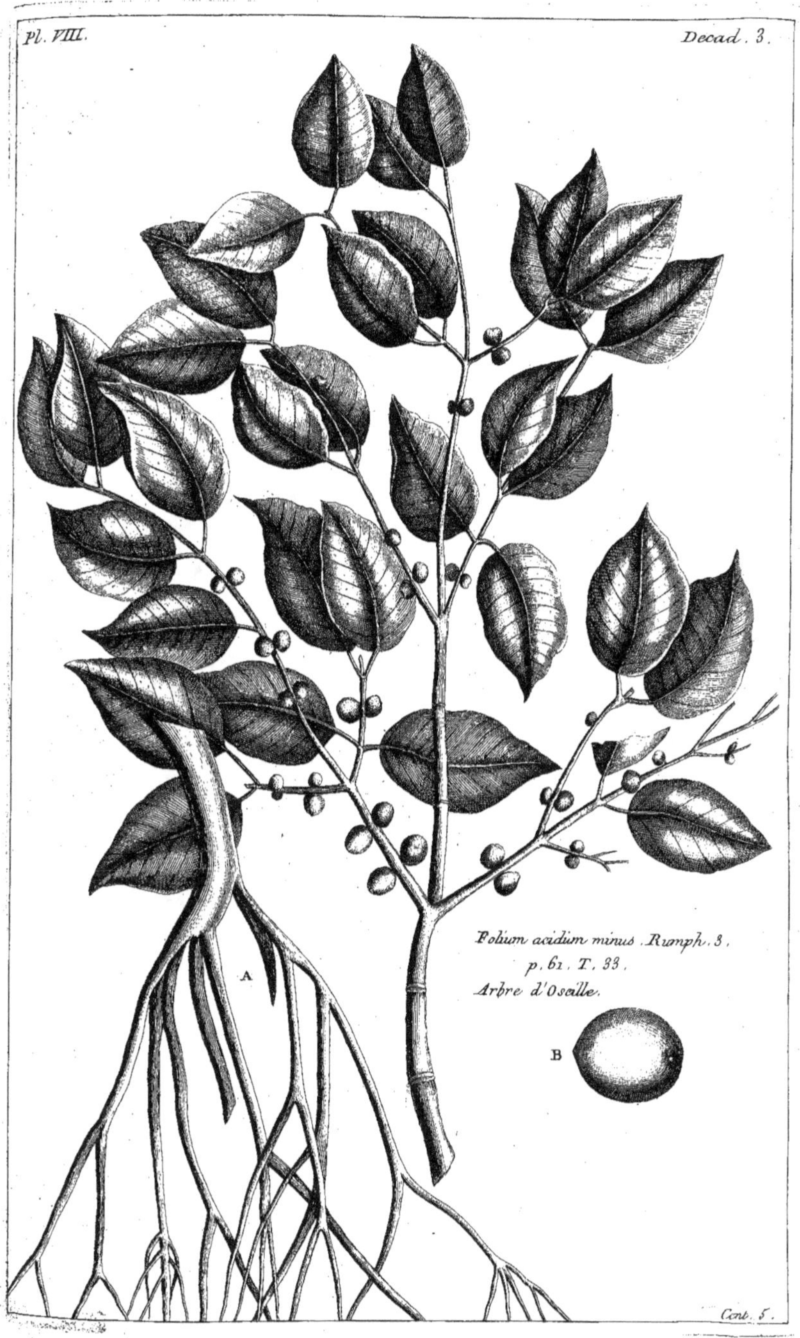
A
Folium acidum minus. Rumph. 3.
p. 61. T. 33.
Arbre d'Oseille.
B

Pl. IX.
Decad. 3.
C
B
Pulassarius. Rumph. 3.
p. 91. T. 60.
Pulassari pohon.
A
Cent. 5.

Surenus Rumph. 3.
p. 68. T. 39.
Suren.
A
B

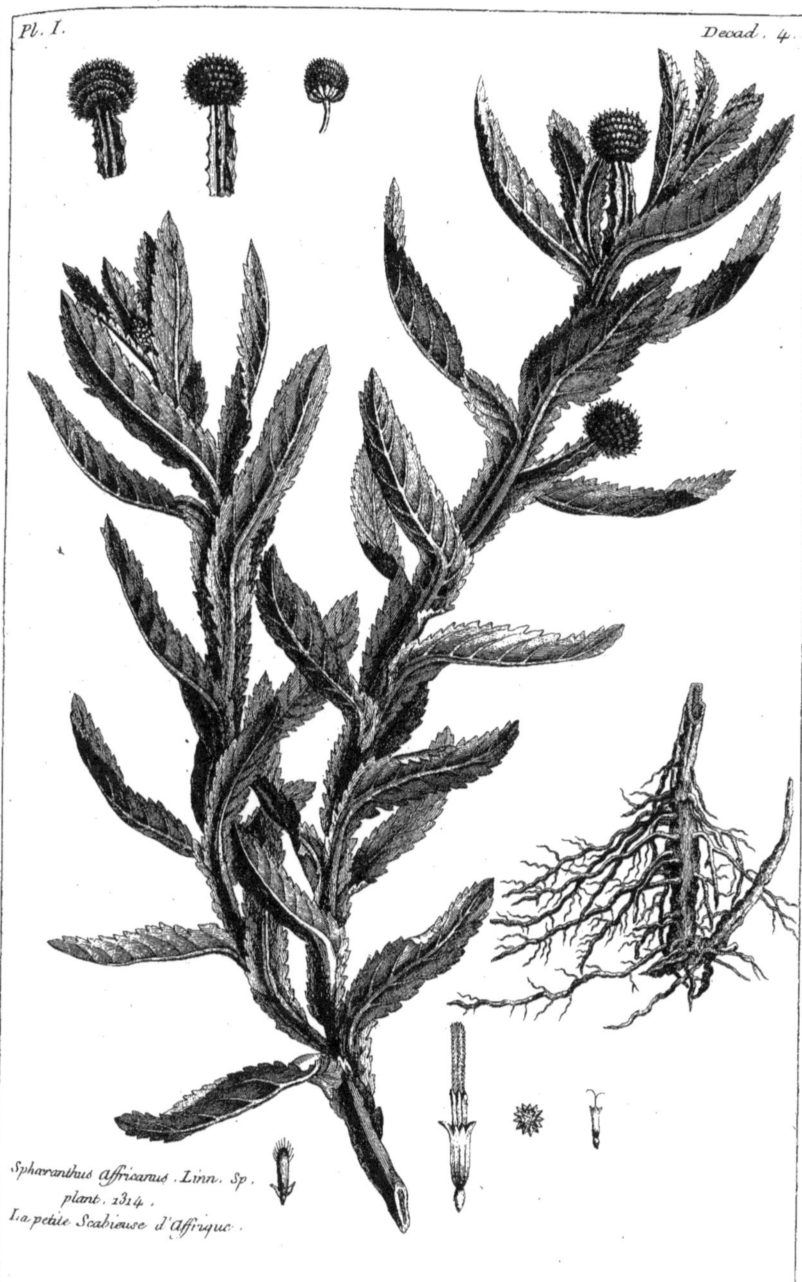

Sphæranthus Affricanus. Linn. Sp.
plant. 1314.
La petite Scabieuse d'Affrique.

Pl. II.
Decad. 4.
Sophora arborescens, foliis pinnatis, pinnis
numerosissimis ovatis villosis, caule symplici,
leguminum nodis valide distinctis. trew. 59.
Corallodendron jaune.
Cent. 5.

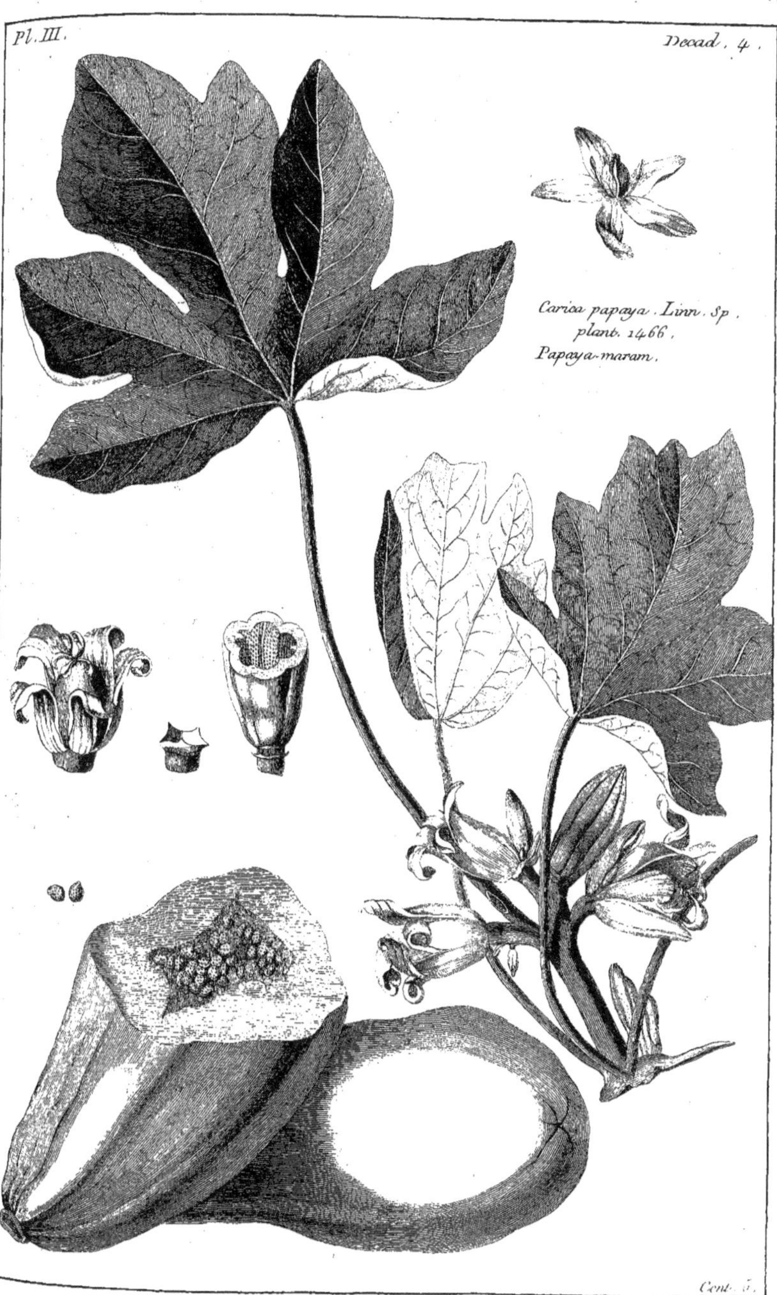

Pl. III.
Decad. 4.
Carica papaya. Linn. Sp.
plant. 1466.
Papaya-maram.
Cent. 5.
Fessard Sculp.

Sophora tinctoria. Linn. Sp.
plant. 534.
Cytise de Virginie.

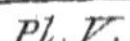

Pl. V.
Decad. 4.
Anona Africana. Linn. Sp.
plant. 758.
Anone à fruits Bleux. 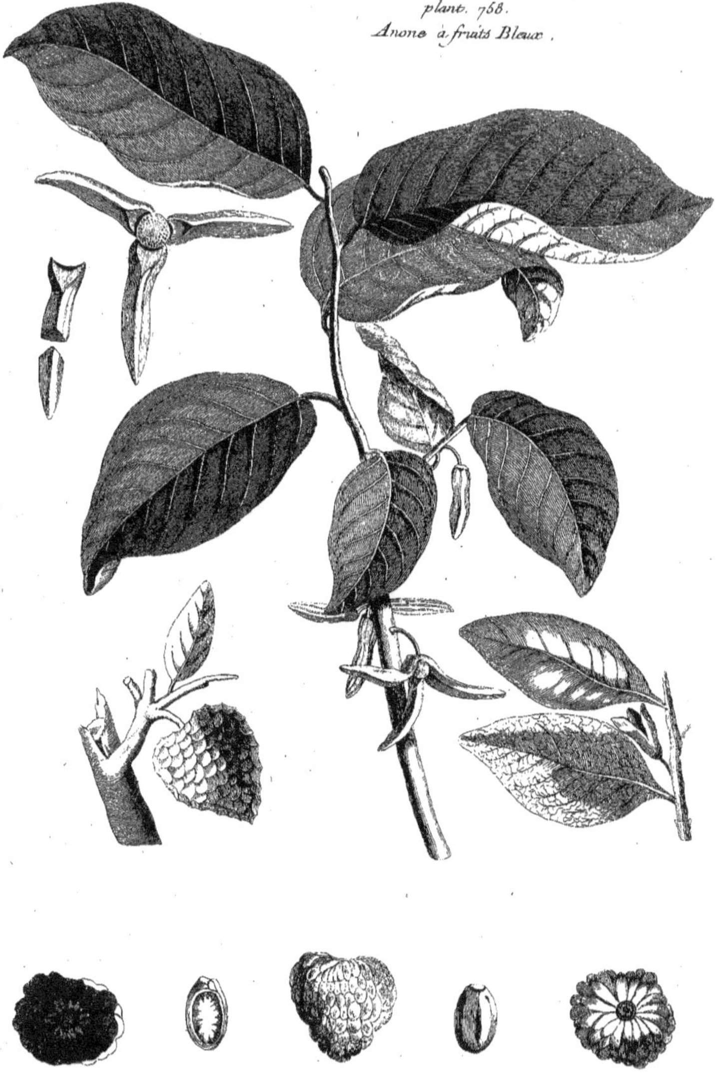
Cent. 6.
Fessard Sculp.

Erythrina corallodendrum. Linn.
Sp. plant. 992.
Corastia seu siliqua sylvestris.
spinosa arbor Indica.
pin. 402.
Corallodendros d'Amerique.

Fig. 1. Soldanella alpina rotundi-folia, pin.
Soldanelle des alpes.
Fig. 2. Anemone Hepatica. 758.
Hepatique à fleurs symples.
Fig. 3. Trifolium Blesense. act. acad.
Trefle de Blois.

Arbor vernicis, Rumph. a.
p. 263. T. 86.
L'Arbre au vernis.
A
B
C

Pl. IX.
Decad. 4.
Cananga vulgaris, Rumph. 2.
p. 197. T. 65.
An woaria. Linn?
Canangan.
A
B
D   D
C
Cent. 6.

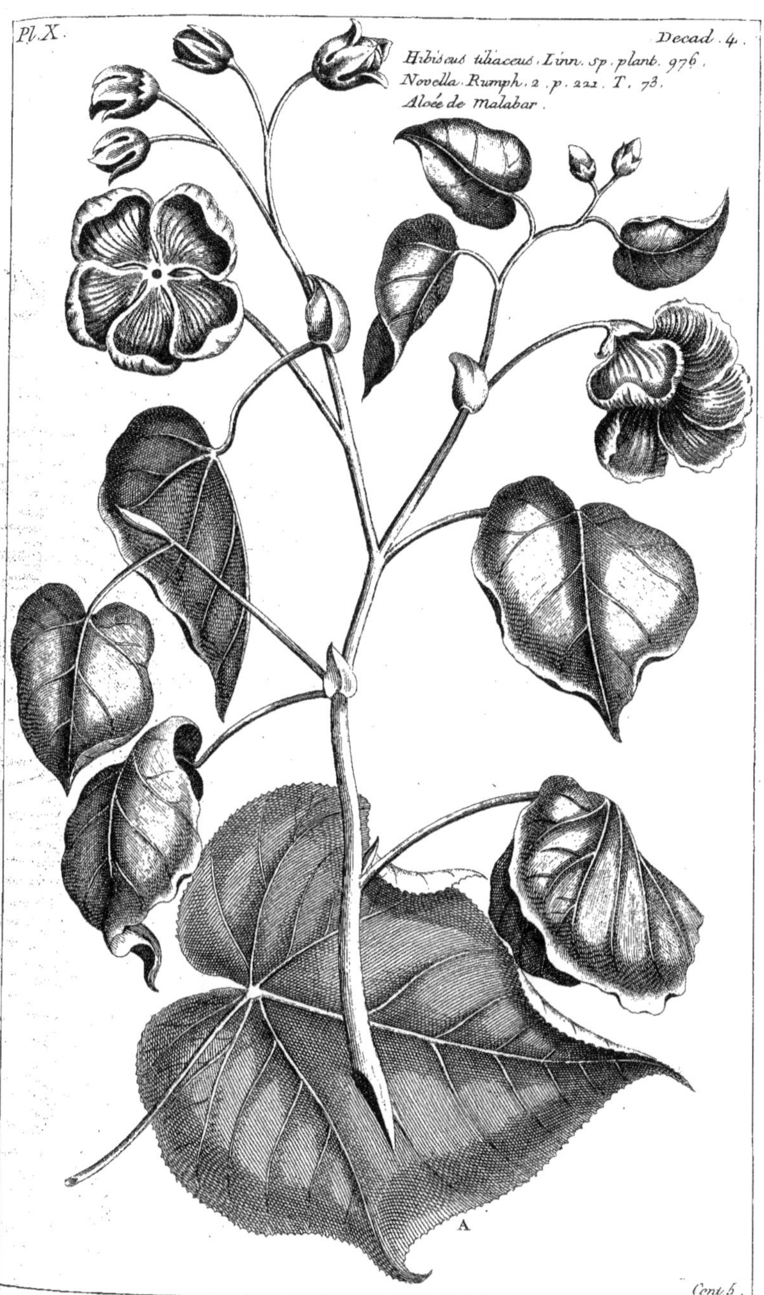
Pl. X.
Decad. 4.
Hibiscus tiliaceus. Linn. sp. plant. 976.
Novella. Rumph. 2. p. 221. T. 73.
Aloée de Malabar.
A
Cent. 5.

Pl. I.
Decad. 6.
Halesia tetraptera. Linn.
Sp. plant. 636.
Halesia foliis utrinque acu-
minatis leviter serratis. ellis
L'Arbrisseau d'Hales.
Cent. 6.
Fessard. Sculp.

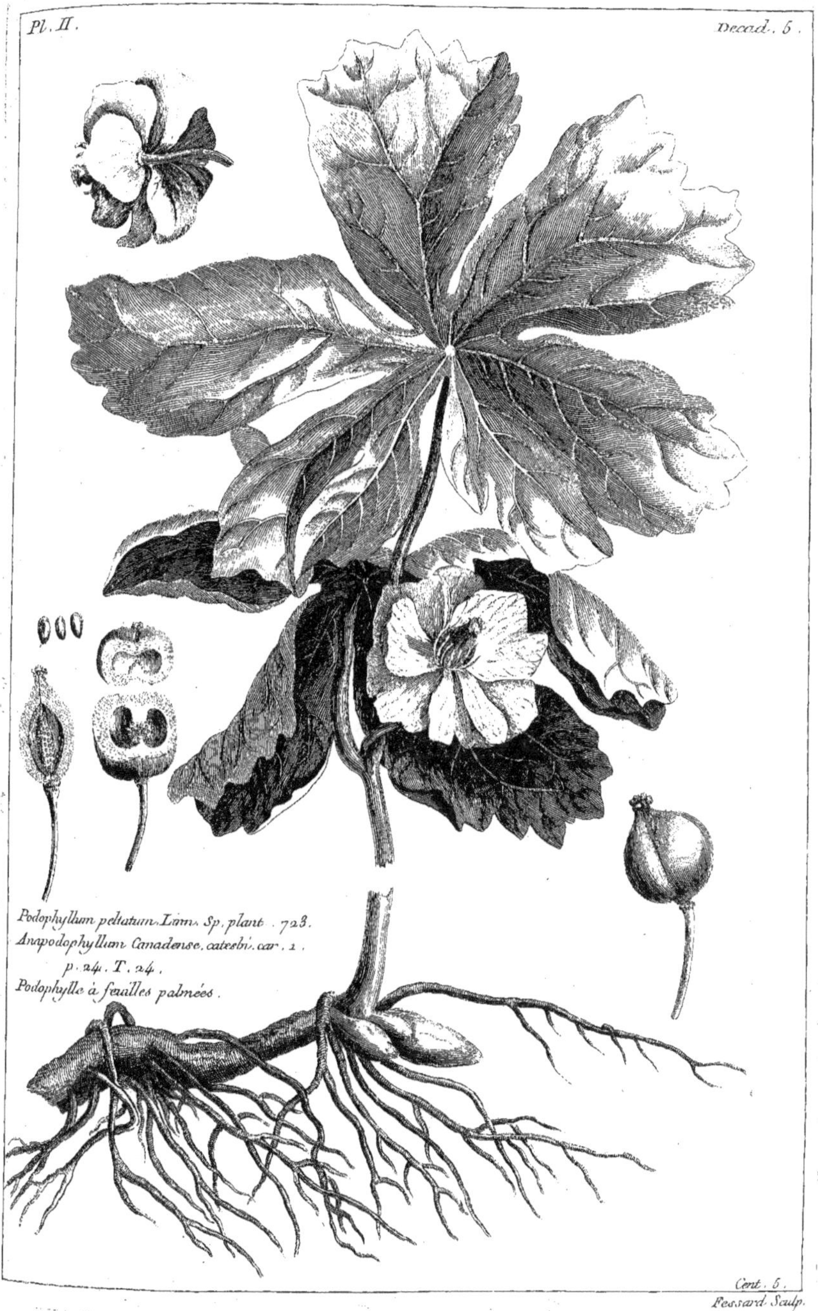

Pl. II.
Decad. 5.
Podophyllum peltatum. Linn. Sp. plant. 723.
Anapodophyllum Canadense. catesbi. car. 1.
p. 24. T. 24.
Podophylle à feuilles palmées.
Cent. 5.
Fessard Sculp.

Iva annua. Linn. Sp. plant. 1402.
Tarchonanthos foliis cordatis serratis trinerviis.
Roy. lugdb. 538.
Tarchonanthe d'Amerique.

M.lle Basseporte Pinx.

Cent. 5.
Fessard Sculp.

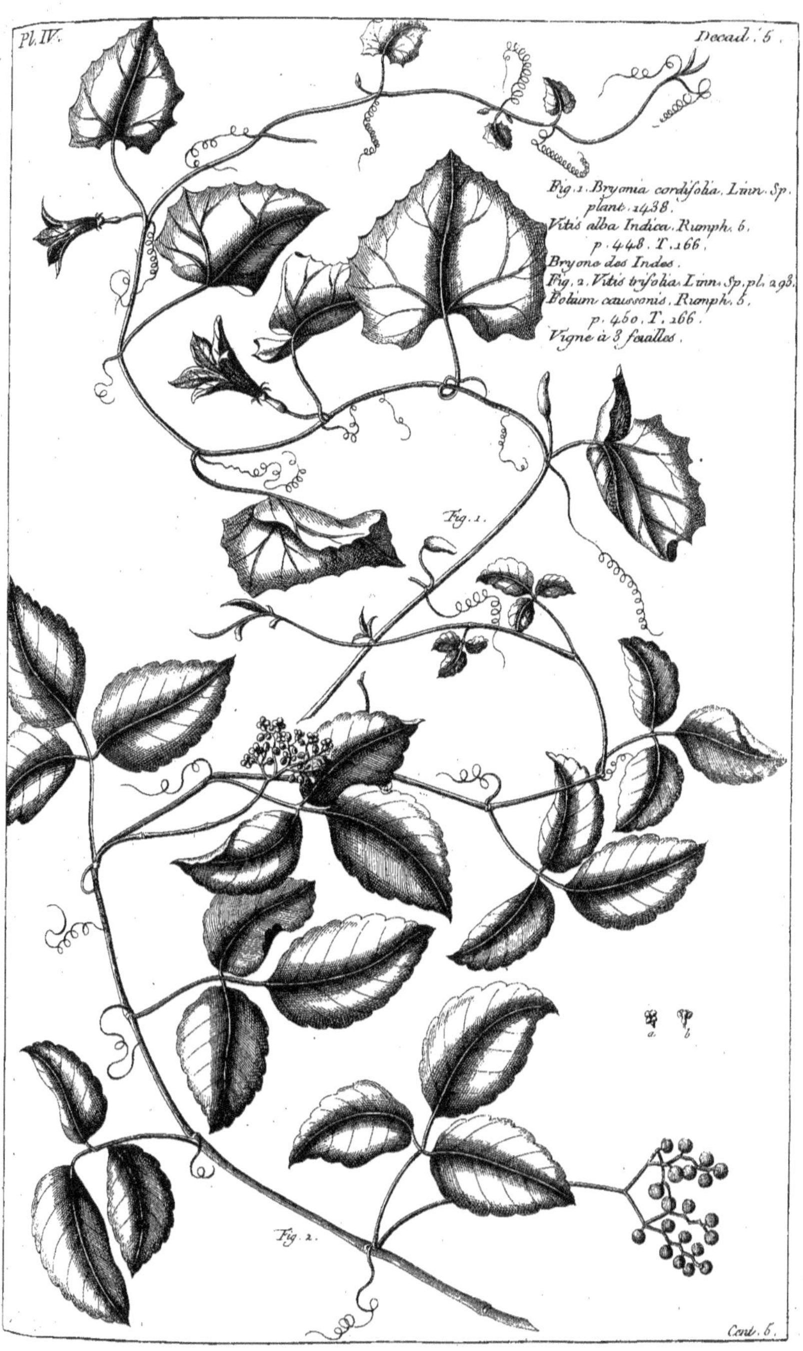
Pl. IV.
Decad. 5.
Fig. 1. Bryonia cordifolia. Linn. Sp.
plant. 1438.
Vitis alba Indica. Rumph. 5.
p. 448. T. 166.
Bryone des Indes.
Fig. 2. Vitis trifolia. Linn. Sp. pl. 293.
Folium caussonis. Rumph. 5.
p. 450. T. 166.
Vigne à 3 feuilles.
Fig. 1.
Fig. 2.
a.
b.
Cent. 6.

Fig. 1. Ocymum Basilicum. Linn. Sp. plant. 833.
Ocymum Indicum Rumph. 5. p. 264. T. 92.
Basilic des Jardins.
Fig. 2. Ocymum tenuifolium. Linn. Sp. plant. 833.
Basilicum agreste. Rumph. ibid.
Petit Basilic.
Fig. 1.
Fig. 2.

Bubon. Linn.
Scutellaria tertia. Rumph. 4. p. 79. T. 33.
Grand Persil en Arbre.

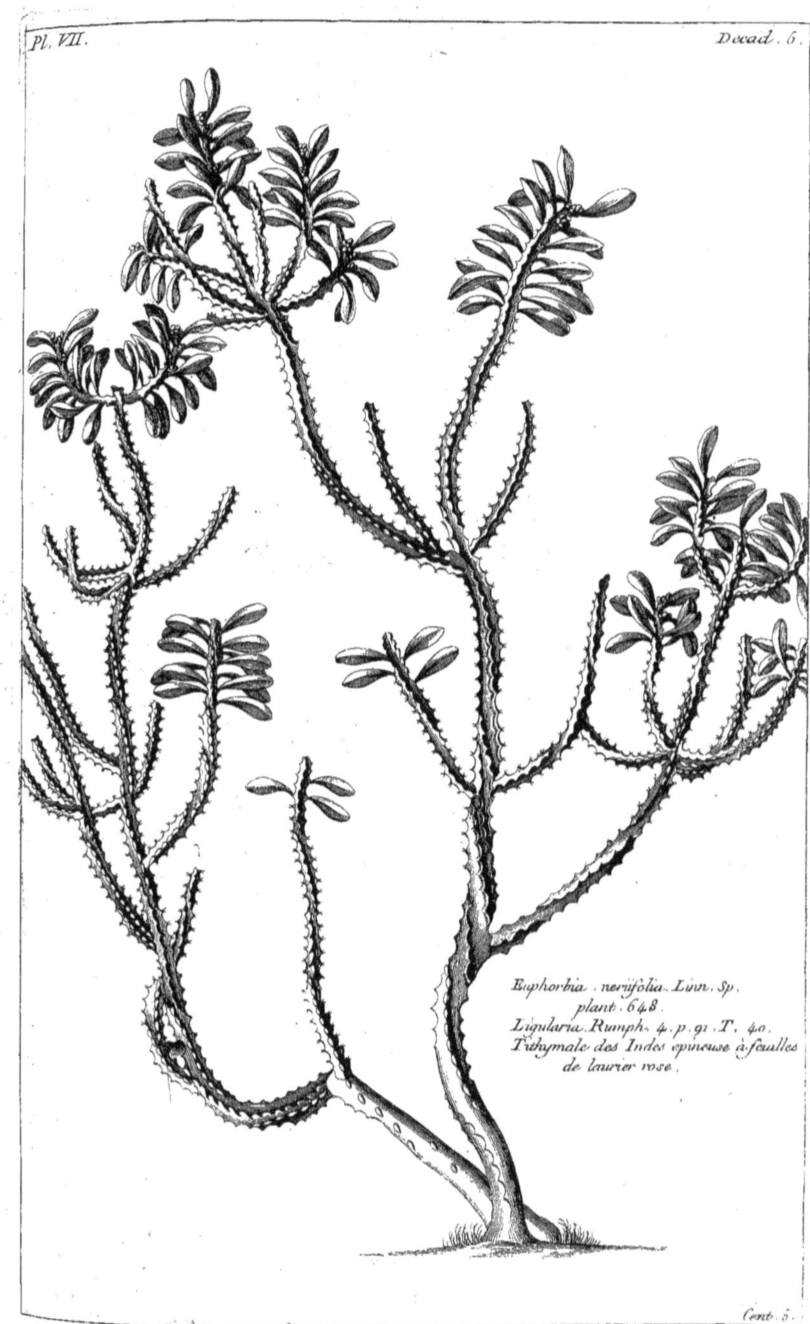

Pl. VII.
Decad. 6.
Euphorbia . neriifolia. Linn. Sp.
plant . 648.
Ligularia. Rumph. 4. p. 91. T. 40.
Tithymale des Indes epineuse à feuilles
de laurier rose.
Cent. 5.

Pl. VIII.
Decad. 5.
Fig. 1. Galanga malaccensis.
Rumph. 5. p. 177. T. 71.
Galanga de malacca.
Fig. 2. Canna angustifolia.
Linn. Sp. plant. 1.
Cannacorus Rumph. ibid.
Roseau des Indes à feuilles
étroites.
Fig. 1.
Fig. 2.
Cent. 6.

Fig. 1. Glans terestris costensis.
Rumph. 6. p. 372. T. 132.
Daun sabran.
Fig. 2. Cacara bulbosa. Rumph. ibid.
Coà de la Chine.

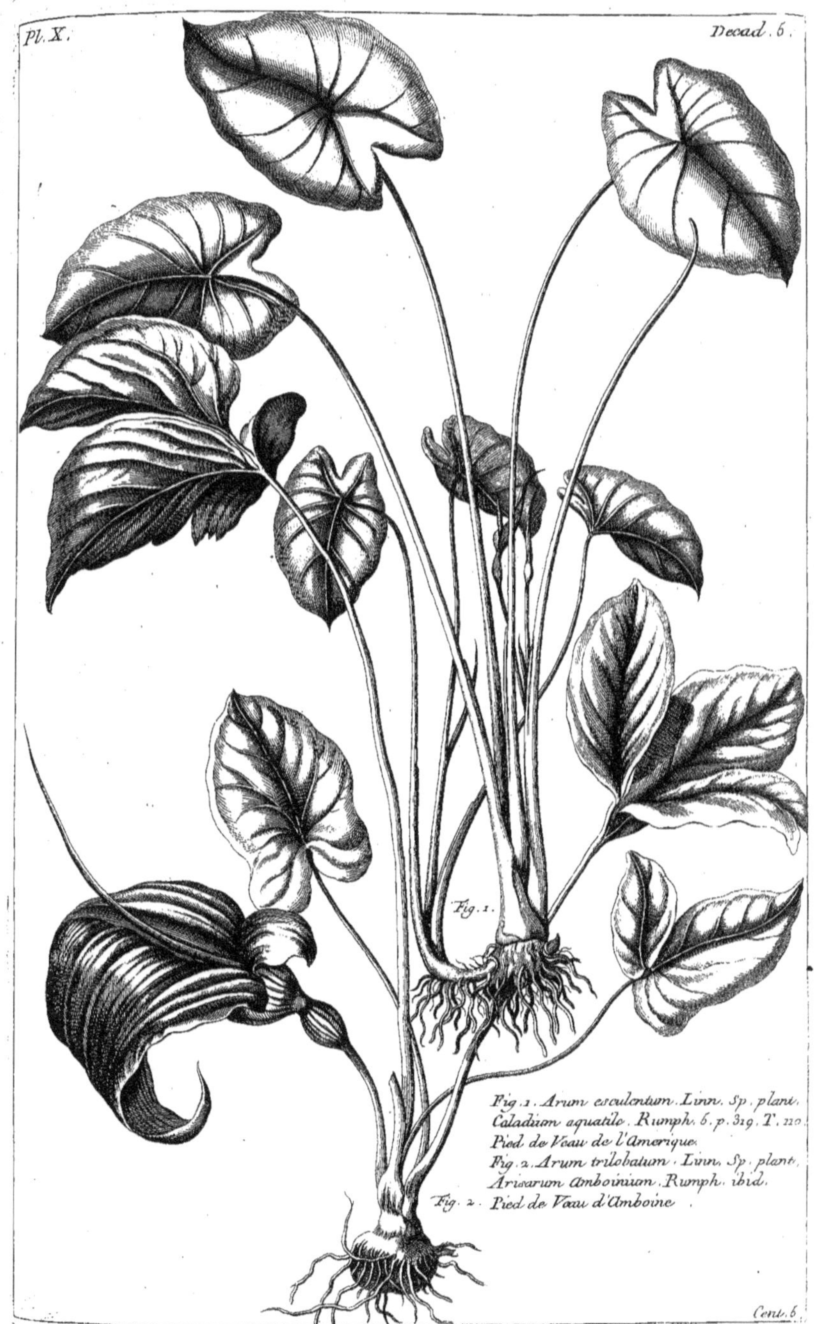

Fig. 1. Arum esculentum. Linn. Sp. plant.
Caladium aquatile. Rumph. 6. p. 319. T. 110.
Pied de Veau de l'Amerique.
Fig. 2. Arum trilobatum. Linn. Sp. plant.
Arisarum Amboinium. Rumph. ibid.
Fig. 2. Pied de Veau d'Amboine.

Pl. I.
Decad. 6.
Boa massy.
Rumph. auct. p. 6. T. 3.
Chataigne de Boeron.
Cent. 5.

Euphorbia tirucalli. Linn. Sp. plant. 644.
Ossifraga lactea. Rumph. 7. p. 62. T. 29.
Tithymale des Indes. en arbre.

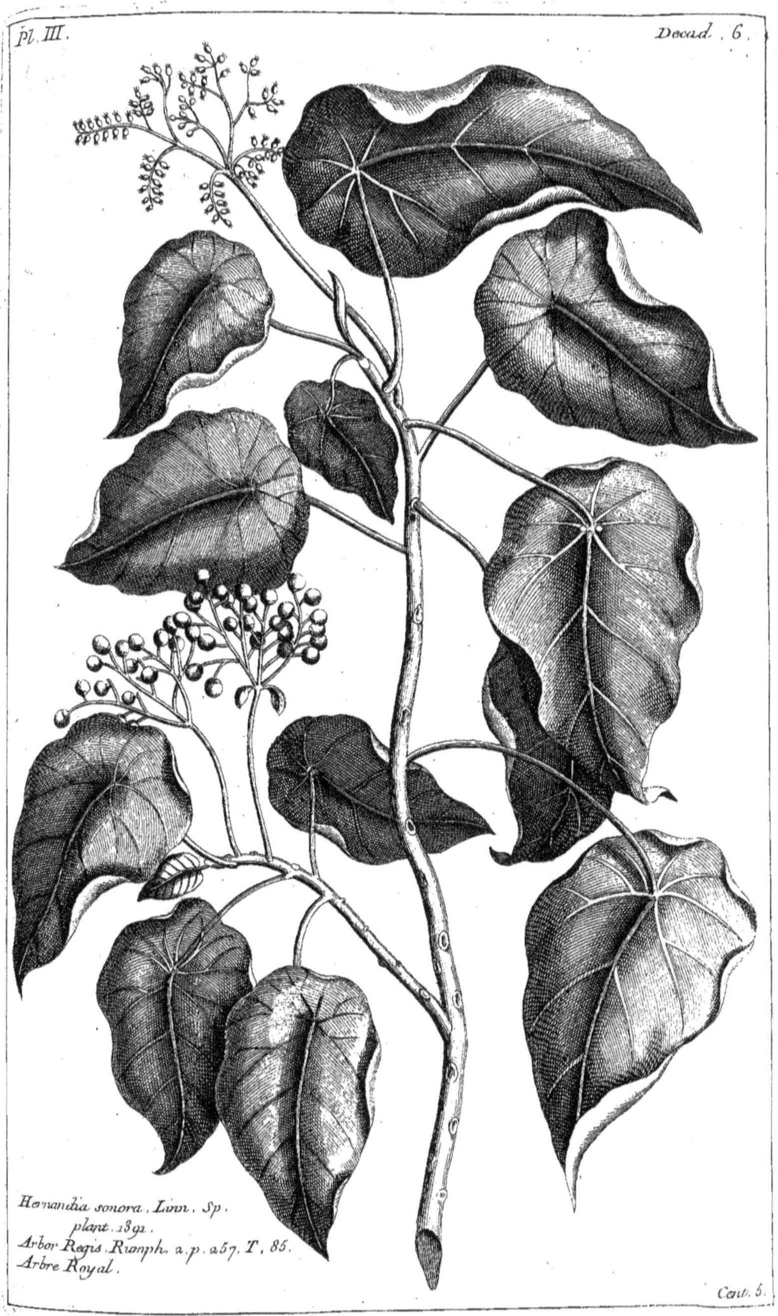

Hernandia sonora. Linn. Sp.
    plant. 1391.
Arbor Regis. Rumph. a. p. 257. T. 85.
Arbre Royal.

Cent. 5.

Ophioxylon serpentinum, Linn. Sp. plant. 1478.
Rex amaroris. Rumph. 2. p. 182. T. 42.
Espece de bois de Serpent.

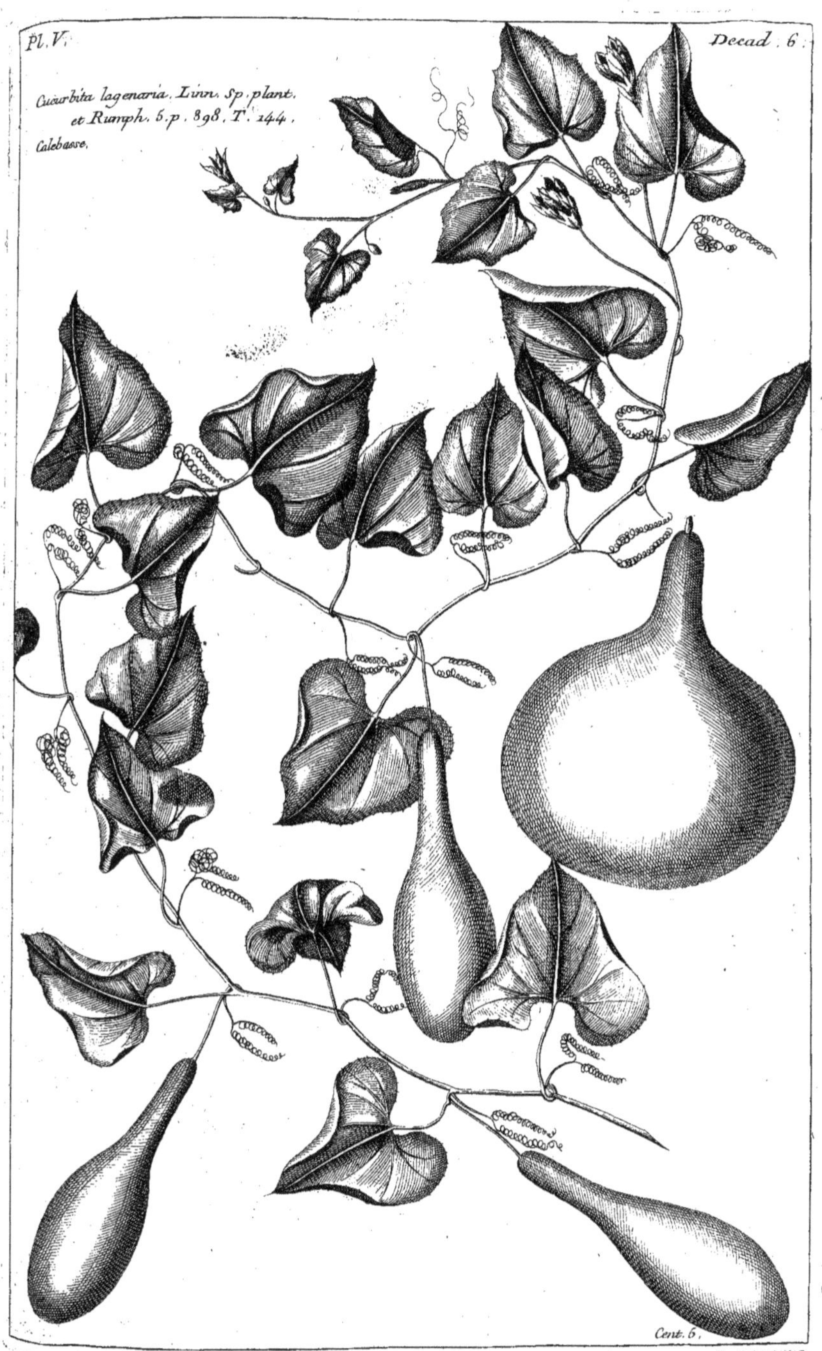

Pl. V.
Decad. 6.
Cucurbita lagenaria. Linn. Sp. plant.
et Rumph. 5. p. 898. T. 144.
Calebasse.
Cent. 6.

Cent. 6.
Fossard. Sculp.

Scabiosa frutescens
Maxima. parad. Bat.
M.r Pinard. del.
Robert Sculp.

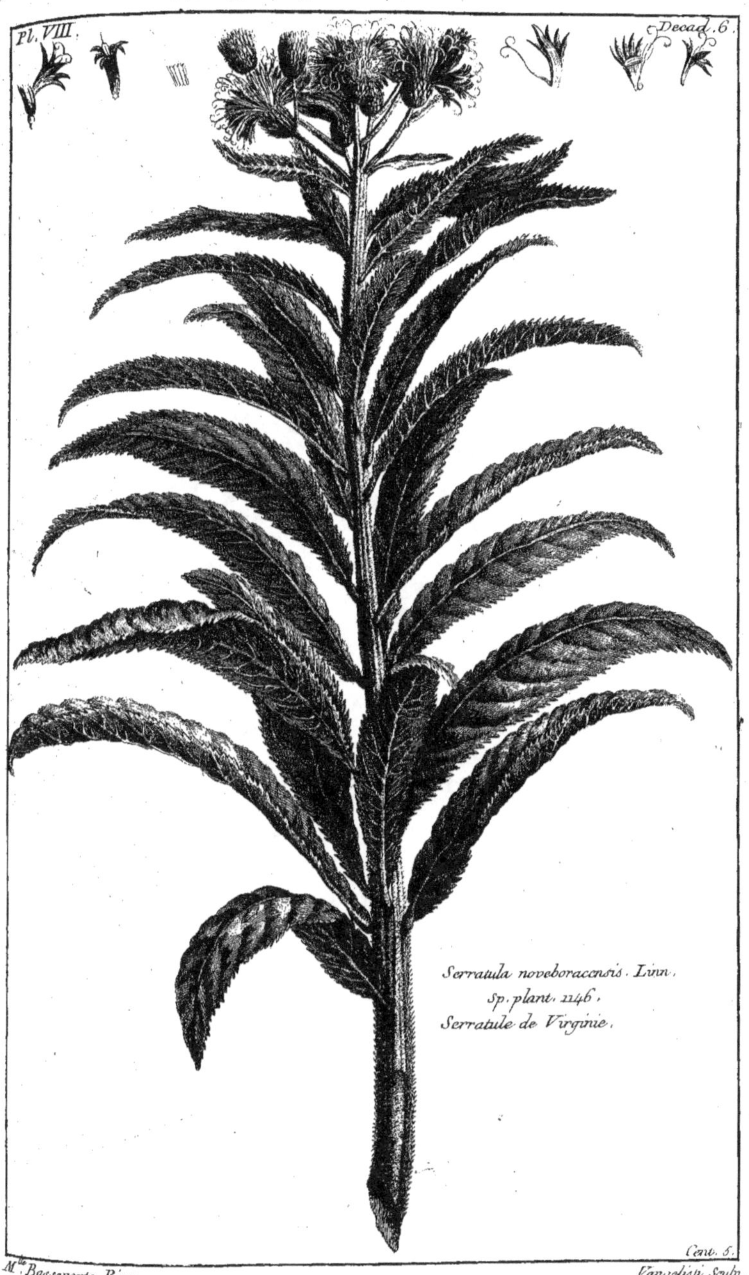

Pl. VIII.
Decad. 6.
Serratula noveboracensis. Linn.
Sp. plant. 1146.
Serratule de Virginie.
Cent. 5.
M.lle Basseporte Pinx.
Vanjelisti Sculp.

Verbascum myconi, Linn. Sp.
plant. 256.
La Sanicle des Alpes à feüilles
de Bourache.

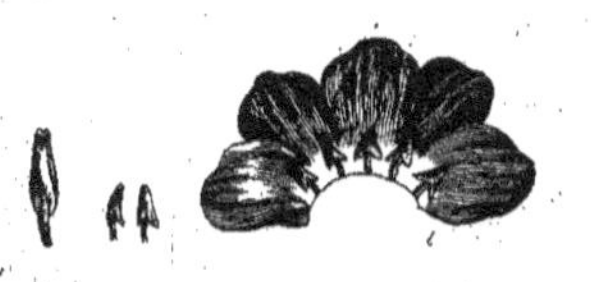

Cent. 5.

Pessard Sculp.

Sideroxylon inerme. Linn.
Sp. plant. 278.
Putiet à feuilles rondes.

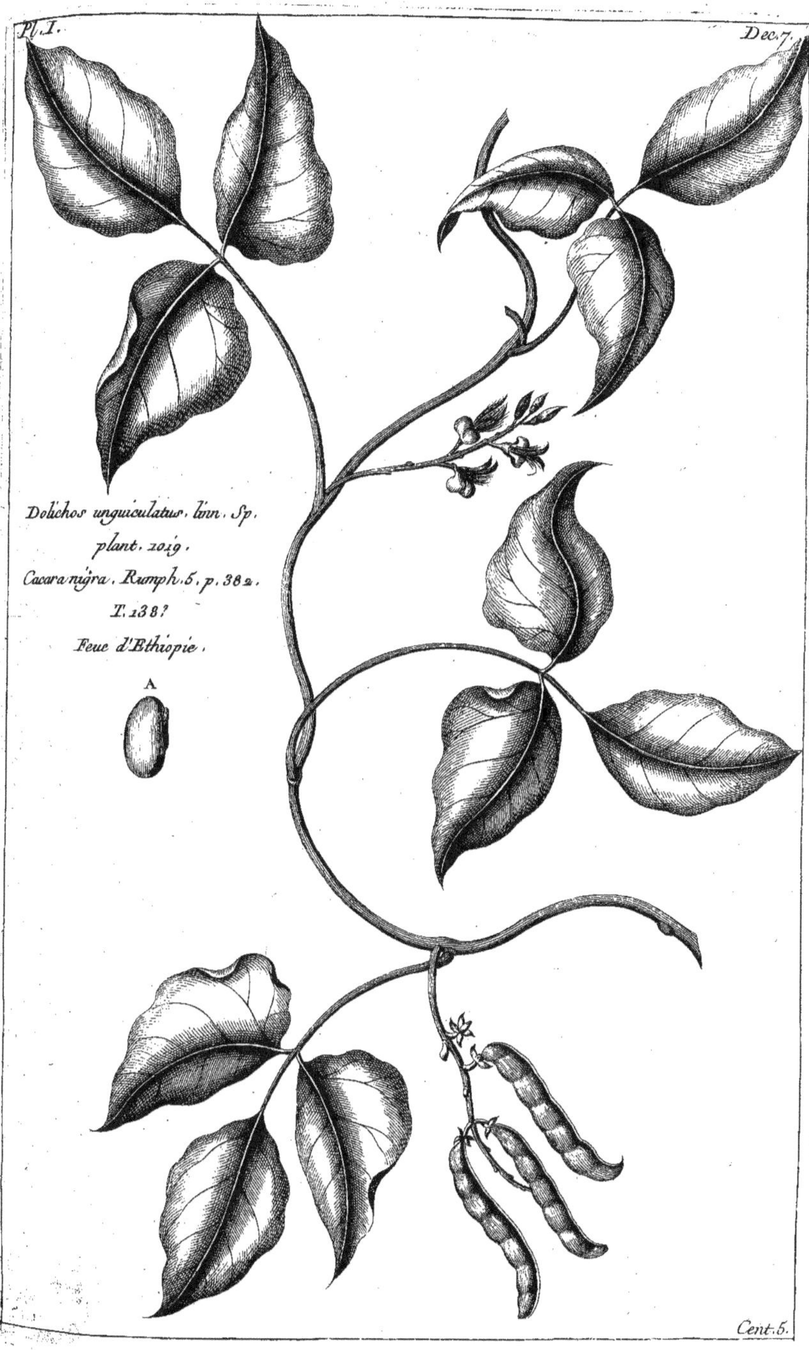
Dolichos unguiculatus, linn. Sp.
plant. 1019.
Cacara nigra, Rumph. 5. p. 382.
T. 138?
Feue d'Ethiopie.
A

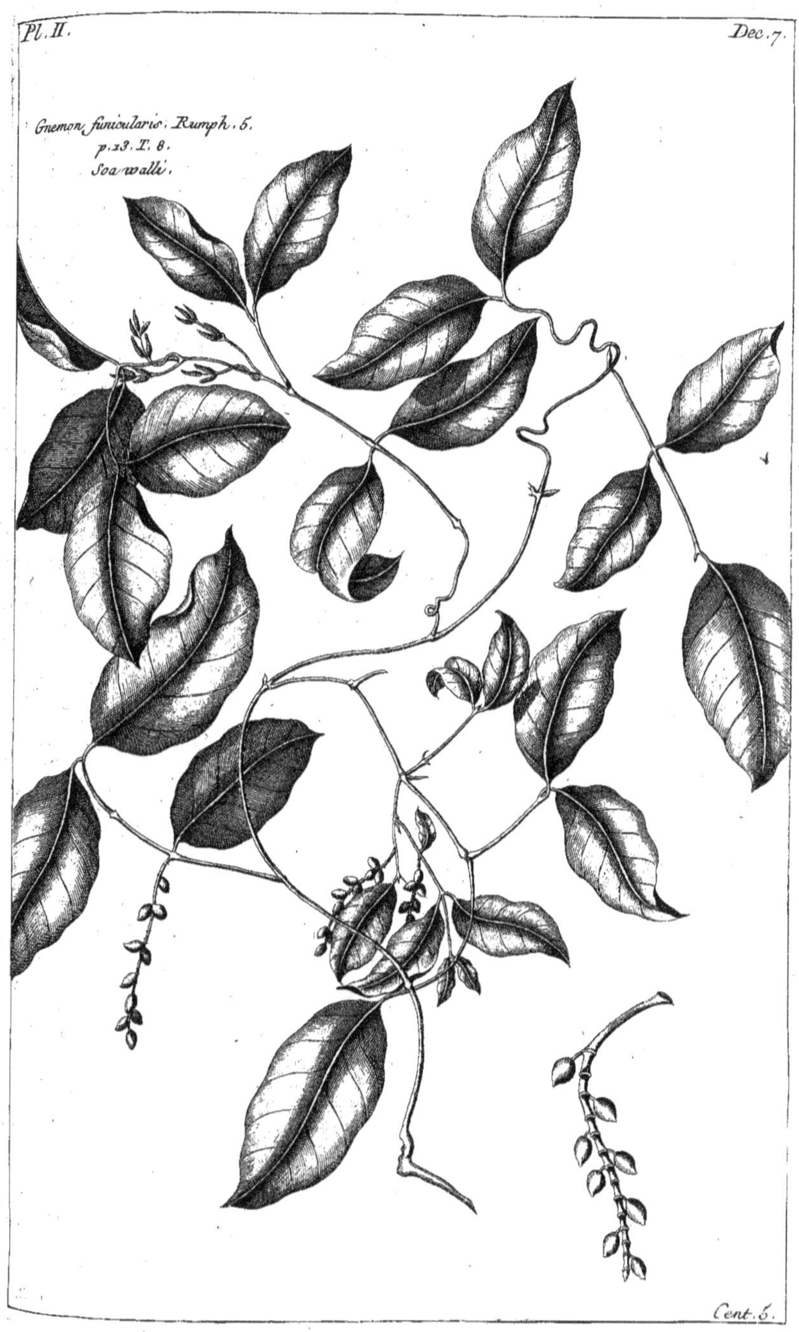
Pl. II.
Dec. 7.
Gnemon funicularis. Rumph. 5.
p. 23. T. 8.
Soa walli.
Cent. 5.

Funis ceratum. Rumph. 5.
p. 17. T. 12.
Periploca ou Apocin grimpant.

Funis papius parvi folius. Rumph.
5. p. 16. T. 11.
Papi.
Espece de Periploca.

Pl. V.
Dec. 7.
Fig. 1. Funis muraenarum mas.
Rumph. 5. p. 68. T. 35.
Fig. 2. Funis muraenarum foemina.
Rumph. ibid.
Herbe des Serpens.
Fig. 1.
Fig. 2.
Cent. 5.

Pl. VI.
Dec. 7.
Fig. 1. Sinapister. Rumph. 5.
p. 74. T. 39.
Tali Sasawi.
Fig. 2. Amara littorea. Rumph. ibid.
Legume de java.
Fig. 1.
Fig. 2.
a
Cent. 5.

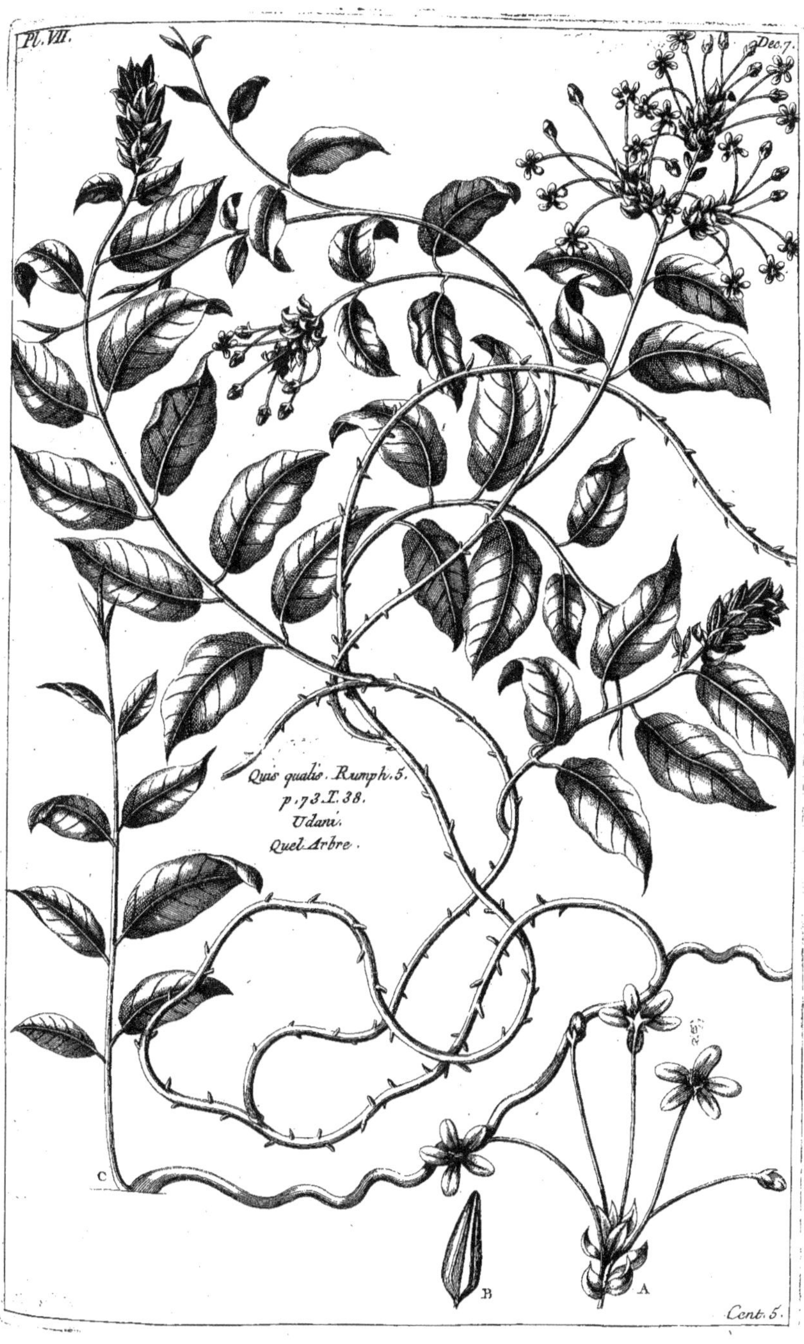

Pl. VII.
Dec. 7.
Quis qualis. Rumph. 5.
p. 73. T. 38.
Udani.
Quel Arbre.
C
B
A
Cent. 5.

Fig.2. Sirides alter. Rumph.
6. p. 61. T. 29.
Tali Siri.
Flos pergulanus. Rumph. jbid.
Syringa blanc rampant.
Fig. 2.
Fig. 1.

Fig.1. Cudranus Amboinensis. Rumph.
5.p.25.T.15.
Cudrang d'Amboine.
Fig.2. Cudranus javanensis. Rumph. ibid.
Cudrang de java.
Fig.1.
Fig.2.

Fig. 1. Crotalaria retusa. linn. Sp. plant. 1004.
Crotalaria major. Rumph. 5. p. 278. T. 96.
Tandale Cotti.
Fig. 2. Cleome pentaphylla. linn. Sp. plant. 938.
Lagansa alba. Rumph. jbid.
quinque feuille a feuilles de lupin.
Fig. 3. Lagansa rubra. Rumph. jbid.

Pl. I.

Dec. 8.

Fig. 1. - - - Conyza odorata. Rumph. 6. p. 58. T. 24.
Conyza Arbor Helenoides,
Sive insulæ sanctæ
Helenæ, Salviæ.
Crenatis foliis, prona parte alba lanugine incanis,
Balsamifera Pluken. Manti.
Conyze en Arbre de Ste.
        Helene.

Fig. 2. Cardiospermum halicacabum. linn. Sp.
        pl. 526.
Halicacabum Rumph. 6. p. 58. T. 24.
        Pois a fruits noirs avec une
        Tache blanche.

Fig. 2.

Fig. 1.

Cent 5.

Lawsonia Spinosa. linn.
Sp. plant. 498.
Cyprus. Rumph. 4. p. 42.
T. 17.
Alchanette.

Aralia Chinensis. linn. Sp. plant. 393.
Frutex aquosus mas. Rumph. 4. p. 103.
T. 44.
Arbrisseau aquatique masle.

Hedysarum umbellatum. linn.
Sp. plant. 1053.
Folium Crocodili. Rumph. 4.
p. 113. T. 52.
Feuille de Crocodile.

Fig.1. Cyperus rotundus. Rumph. 6.
p. 4. T. 1.
Souchet rond de Malabar.
Fig. 2. Cyperus floridus. Rumph. ibid.
Gramen en forme de Souchet.
Fig. 2.
Fig. 1.
Cent. 5.

Pl. VI.
Dec. 8.
Fig. 1. Menispermum Carolinum. linn.
folium lunatum minus. Rumph.
6. p, 41. T. 26.
Smilax d'Amboine.
Fig. 2. Tuba siliquosa. Rumph. ibid.
Camubut.
Fig. 2.
Fig. 1.
Cent. 6.

Pl. VII.
Dec. 8.
Piper. linn.
Fig. 1. Sirium Terrestre
Rumph. 5. p. 346. Tng.
Fig. 2. Sirium frigidum.
Rumph. ibid.
Siri dingin.
espece de Poivre.
Fig. 2.
Fig. 1.
Dec. 8.

Pl. VIII
Dec. 8.
A
Fig. 1. Piper amalago.
linn. Sp. plant. 41.
Piper longum. Rumph. 5.
p. 335. T. 116.
Poivre long.
Fig. 2. Piper malamiri. linn. Sp.
plant. 41.
Sirium. Rumph.
ibid. amalago.
Fig. 1.
Fig. 2.
Cent. 5.

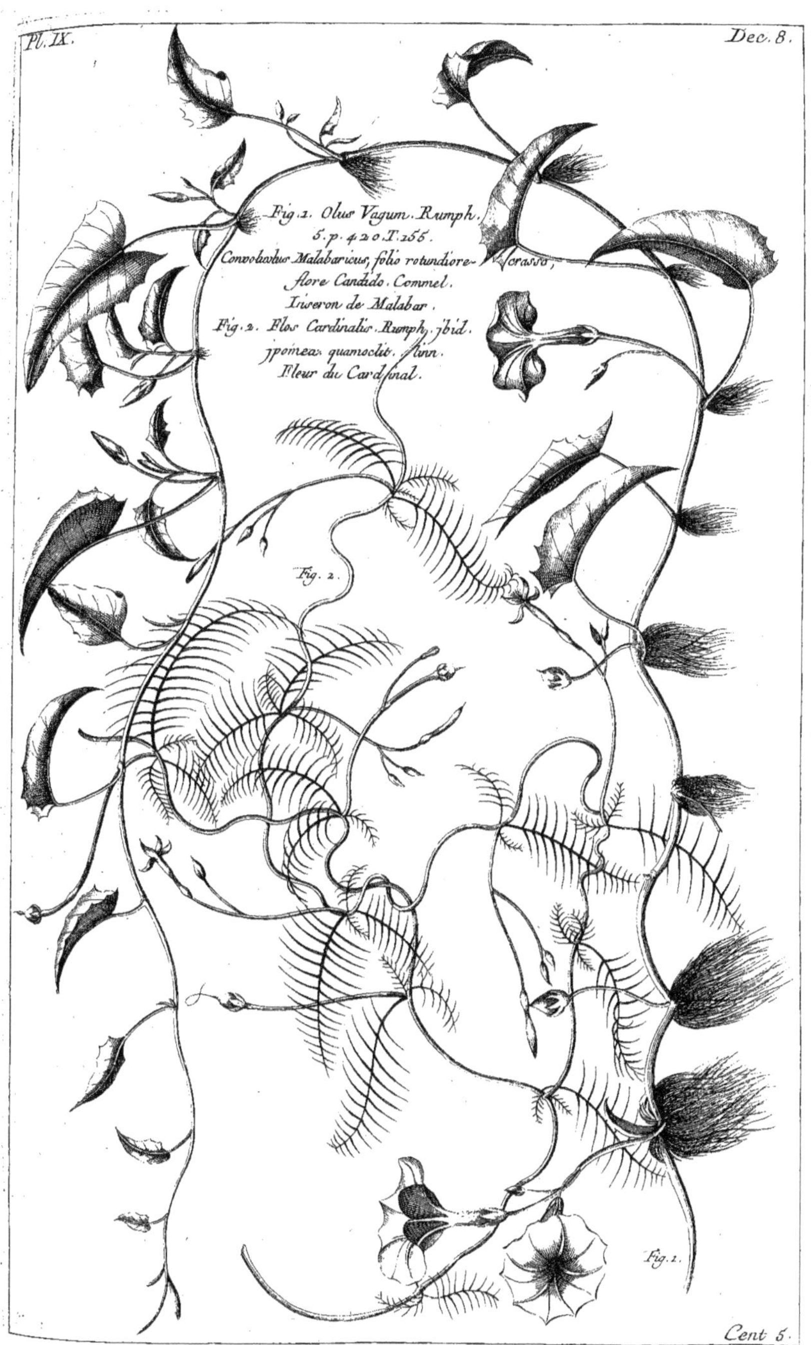

Pl. IX.
Dec. 8.
Fig. 1. Olus Vagum. Rumph.
5. p. 420. T. 155.
Convolvulus Malabaricus, folio rotundiore, crasso,
flore Candido. Commel.
Iriseron de Malabar.
Fig. 2. Flos Cardinalis. Rumph. ibid.
Ipomœa quamoclit. Linn.
Fleur du Cardinal.
Fig. 2.
Fig. 1.
Cent 5.

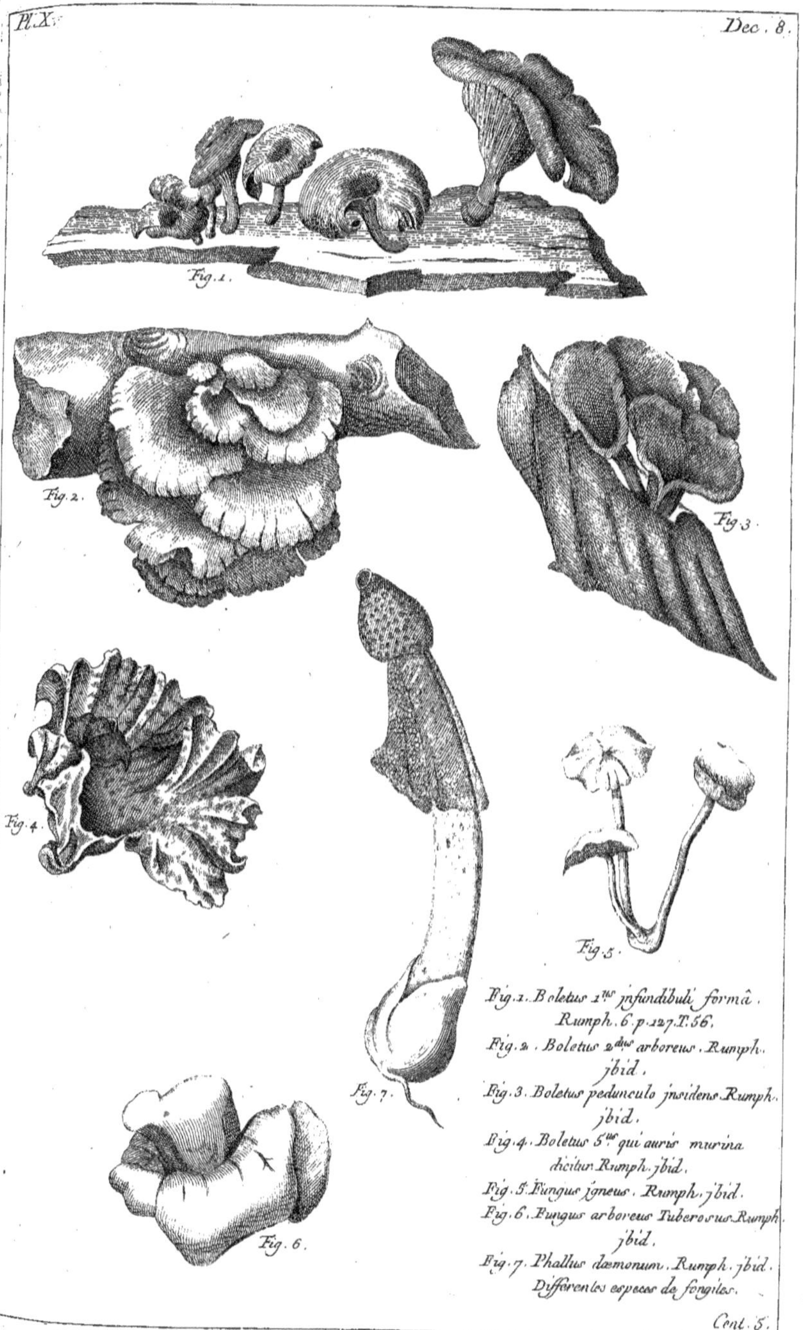

Fig. 1. Boletus 1.us infundibuli formâ.
Rumph. 6. p. 127. T. 56.
Fig. 2. Boletus 2.dus arboreus. Rumph.
ibid.
Fig. 3. Boletus pedunculo insidens. Rumph.
ibid.
Fig. 4. Boletus 5.us qui auris murina
dicitur Rumph. ibid.
Fig. 5. Fungus igneus. Rumph. ibid.
Fig. 6. Fungus arboreus Tuberosus. Rumph.
ibid.
Fig. 7. Phallus dæmonum. Rumph. ibid.
Differentes especes de fongiles.

Cent. 5.

Pl. I.
Dec. 9.
Lignum aquatile. Rumph.
4 . p. 135. T. 70.
Le bois d'eau.
Cent. 5.

Pl. II.
Decad. 9.
Fig. 1. Achyranthes lappacea.
linn. Sp. plant. 295.
Auris Canina mas. Rumph. 6.
p. 29. T. 22.
Verveine des Indes.
Fig. 2. Achyranthes aspera. linn.
Herba memoriæ. Rumph. ibid.
Parietaire d'Amboine.
Fig. 1.
Fig. 2.
Cent. 5.

Pl. III.
Dec. 9.
Fig. 1. Sonchus volubilis Javanus
Rumph. 5. p. 300. T. 204.
Laitron de Java.
Fig. 2. Herba Sentiens. Rumph. jbid.
Oxalis Sentiens. linn.
Sensitive.
Fig. 2.
Fig. 1.
Cent. 5.

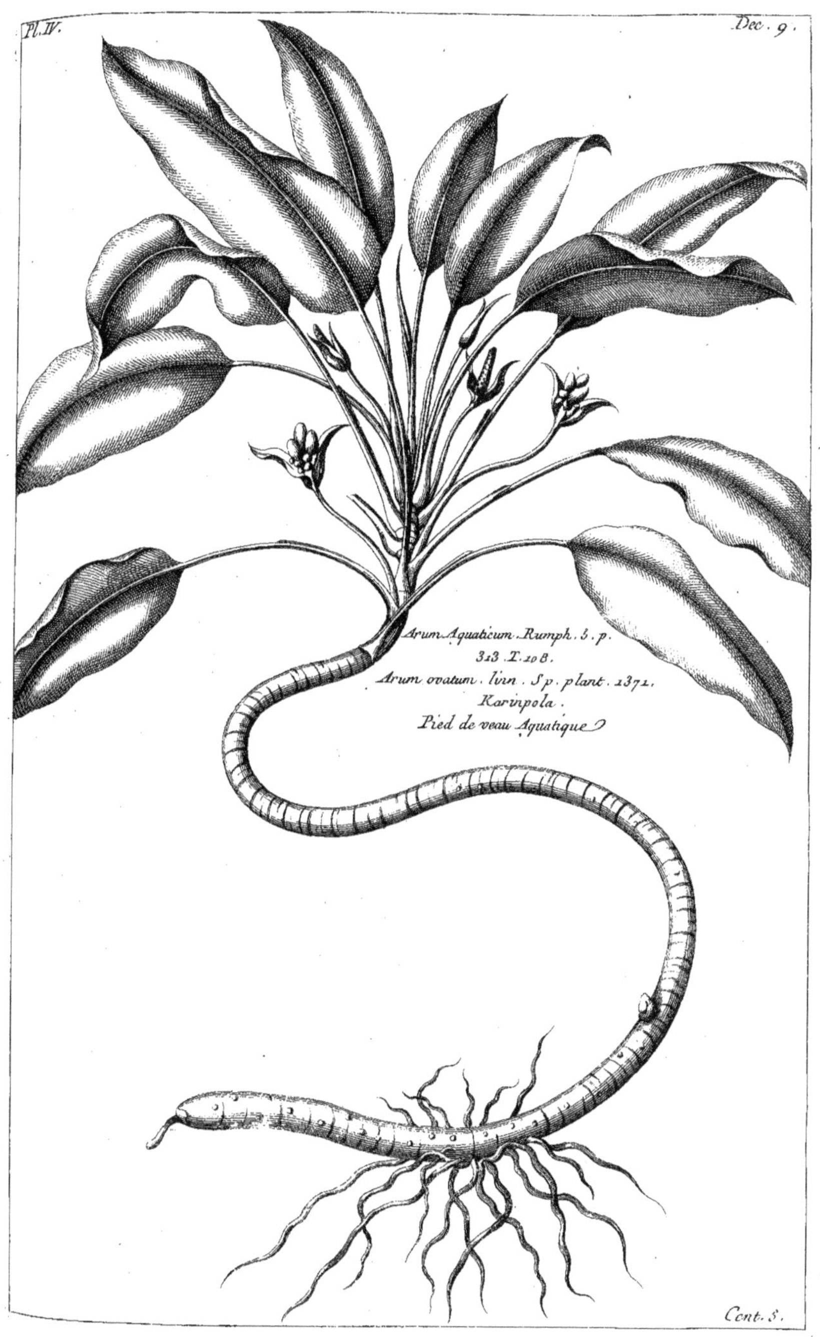

Pl. IV.
Dec. 9.
Arum Aquaticum. Rumph. 5. p.
313. T. 108.
Arum ovatum. linn. Sp. plant. 1371.
Karinpola.
Pied de veau Aquatique
Cent. 5.

Frutex Carbonarius.
Rumph. 4. p. 127. T. 62.
Salay.
a
b

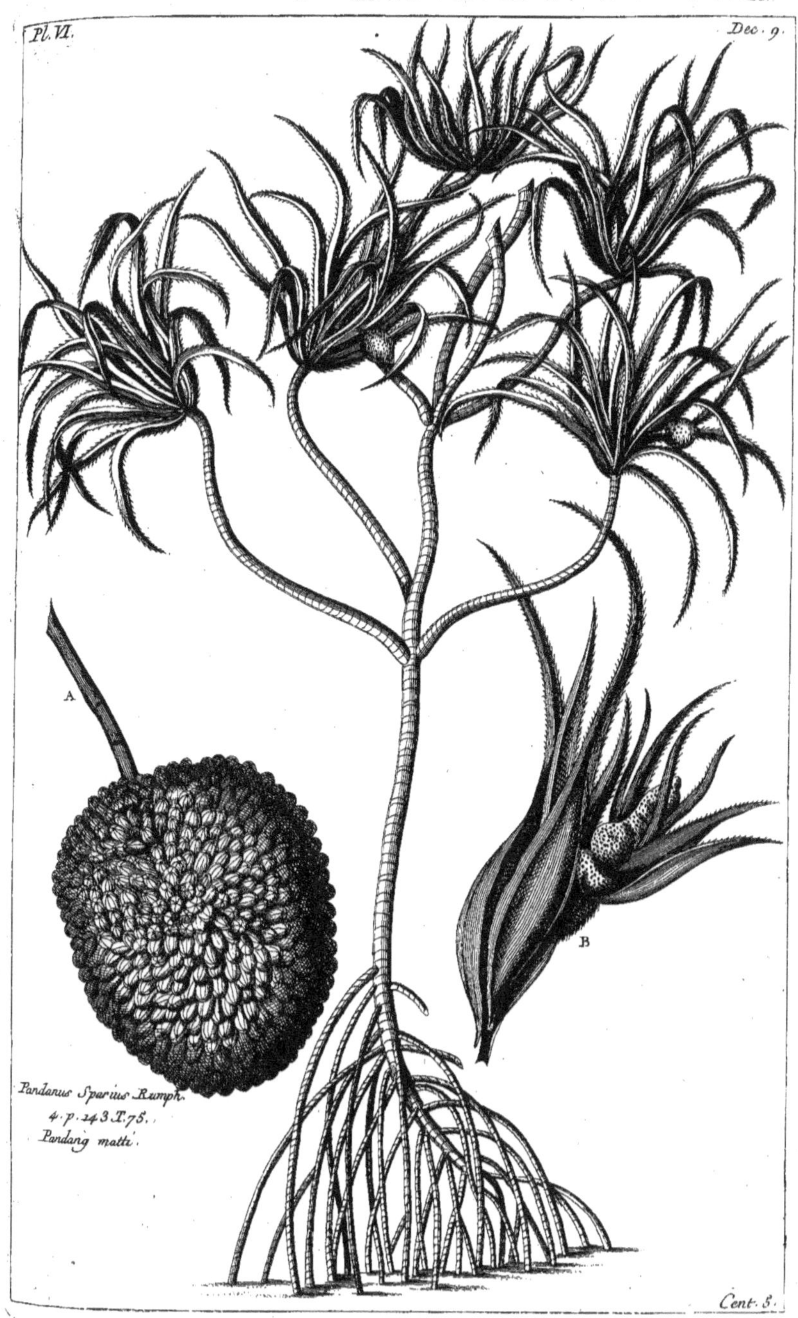
Pl. VI.
Dec. 9.
A
B
Pandanus Sparius Rumph.
4. p. 143 T. 75.
Pandang matti.
Cent. 5.

Blimbingum Sylvestre Rumph.
4. p. 138. 73.
Blimbing utan.

Folium politorium. Rumph. 4.
p. 129. T. 63.
Ampelaas.

Pl. IX.
Dec. 9.
Fig. 1. Crithmus
jndicus. Rumph. 6. p.
167. T. 72.
Portulaca Curassavica
Angusto longo lucidoque
folio procumbens floribus
rubris. p. Bat. prod.
Pourpier d'Inde.
Fig. 2. Crithmus
lusitanicus. Rumph. jbid.
Fig. 3. Menianthes jndica
linn.
Nymphæa jndica
minor. Rumph. jbid.
Fig. 2.
Petit Nenuphar des Indes.
Fig. 3.
Fig. 1.
Cent. 8.

Pl. X.
Dec. 9.
Fig. 1. Coix lacrina jobi.
linn.
lithospermum amboinicum. Rumph.
6. p. 23. T. 9.
Gremil d'Amboine.
Fig. 2. Commelina repens folio subrotundo.
Thes. Zeyl. arundiella herba. Rumph.
6. p. 23. T. 9.
Fig. 1.
Fig. 2.
Cent. 5.

Morus jndica . Rumph. Auct .

p. 9. T. 5 .

Meurier des jndes .

Cent. 6 .

Convallaria. linn.
Terminalis Sylvestris rubra
Rumph. auct. p. 41. T. 20.

Cent. 5.

Lussa radja
Rumph. auct.
p. 29. T.15.
Catilang.
A

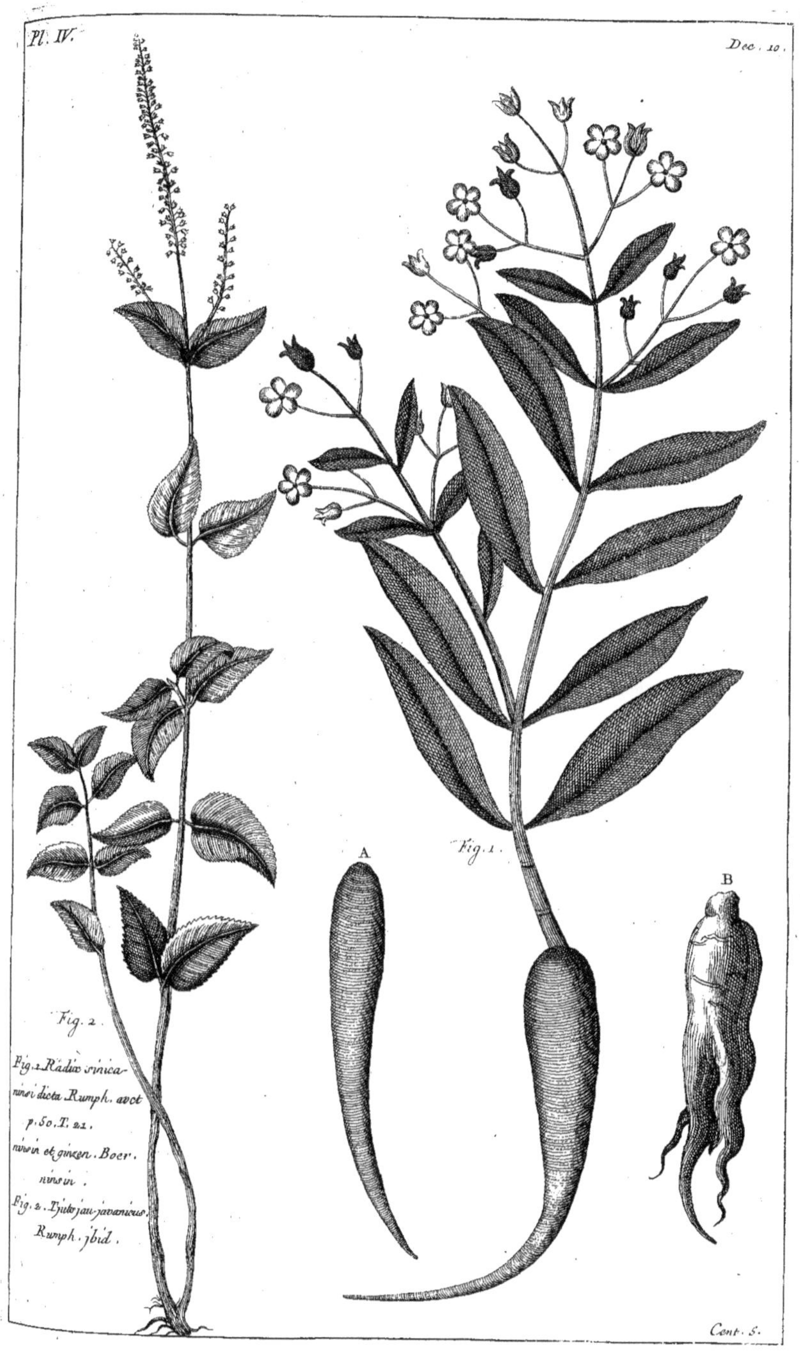

Pl. IV.
Dec. 10.
A
B
Fig. 1.
Fig. 2.
Fig. 1. Radix sinica-
ninsi dicta Rumph. auct
p. 50. T. 21.
ninsin et ginsen. Boer.
ninsin.
Fig. 2. Tjutujau javanicus.
Rumph. ibid.
Cont. 5.

Pl. V.
Decad. 10.
Rhizophora Cylindrica.
linn. Sp. plant. 635
Mangium minus Rumph.
3. p. 103 T. 69.
Kari-kandel.
A
B
Cont. 5.

Pl. VI.
Decad. 10.
A
Nessatus. Rumph. 3. p. 46. T. 25.
Nessat.
Cent. 6.

Ficus jndica . linn . Sp. plant .
Grossularia Sylvestris . Rumph. 3 .
p . 139 . T. 89 .
jöse pocti .

Pl. VIII.
Deca. 10.
Arbor radulifera Rumph
3. p. 201. T. 129.
Caju Baroedan.
Cent. 3.

Pterocarpus. linn. flor. Zeyl. 417.
Lingoum seu arbor draconis.
Rumph. 2. p. 205. T. 69.
Anxana.
Arbre de Dragon.
A

C
B
A
Tsinionus littorea. Rumph. 2. p.
194. T. 64.
Bonga Tanjong Laut.

HISTOIRE

UNIVERSELLE

DU RÈGNE VÉGÉTAL.

HISTOIRE
UNIVERSELLE
DU RÈGNE VÉGÉTAL,

OU

NOUVEAU DICTIONNAIRE
PHYSIQUE ET ÉCONOMIQUE

DE TOUTES LES PLANTES QUI CROISSENT SUR LA SURFACE DU GLOBE:

CONTENANT leurs noms Botaniques & Triviaux dans toutes les Langues, leurs claſſes, leurs Familles, leurs Genres & leurs Eſpèces ; les endroits où on les trouve le plus communément ; leur culture ; les animaux auxquels elles peuvent ſervir de nourriture ; leurs analyſes chymiques ; la manière de les employer pour nos alimens, tant ſolides que liquides ; leurs propriétés, non-ſeulement pour la Médecine des hommes, mais encore pour celle des animaux ; les doſes & la manière de les formuler, & les différens uſages pour leſquels on peut s'en ſervir dans les Arts & Métiers, &c. &c. &c.

ON y a joint une Bibliothèque raiſonnée de tous les livres de Botanique, l'explication des différens termes uſités dans cette partie de l'Hiſtoire Naturelle ; une notice de tous les ſyſtêmes, & enfin la liſte des Profeſſeurs & des Jardins Botaniques de l'Europe.

Ouvrage orné de 1200 Planches gravées en taille-douce par les meilleurs Maîtres, & deſſinées d'après nature.

Par M. BUC'HOZ, Docteur en Médecine, Médecin Botaniſte de Monſieur, frère du Roi, & Médecin de Quartier Surnuméraire de ſa Maiſon, ancien Médecin de quartier de Monſeigneur le Comte d'Artois, & Médecin ordinaire de feu Sa Majeſté le Roi de Pologne, Aggrégé au Côllège Royal & à la Faculté de Médecine de Nancy, Aſſocié des Académies de Mayence, de Châlons, d'Angers, de Dijon, de Béziers, de Caen, de Bordeaux & de Metz, Correſpondant de celles de Rouen & de Toulouſe ; Membre de la Société Royale d'Agriculture de Rouen.

TOME SIXIEME DES PLANCHES.

A PARIS.

Chez BRUNET, Libraire, rue des Écrivains, vis-à-vis le Cloître Saint-Jacques-la-Boucherie.

M. DCC. LXXV.

Avec Approbation & Privilége du Roi.

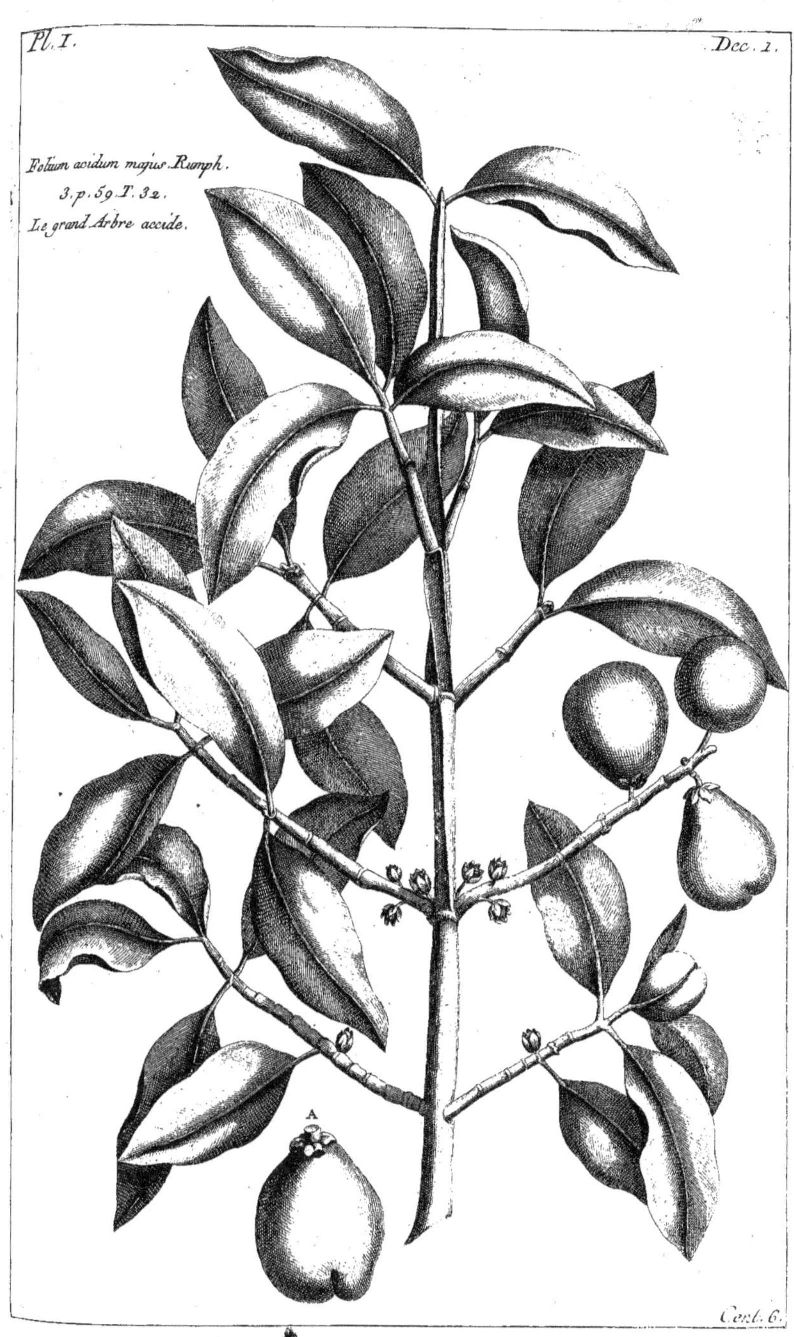
Folium acidum majus. Rumph.
3. p. 59. T. 32.
Le grand Arbre accide.
A

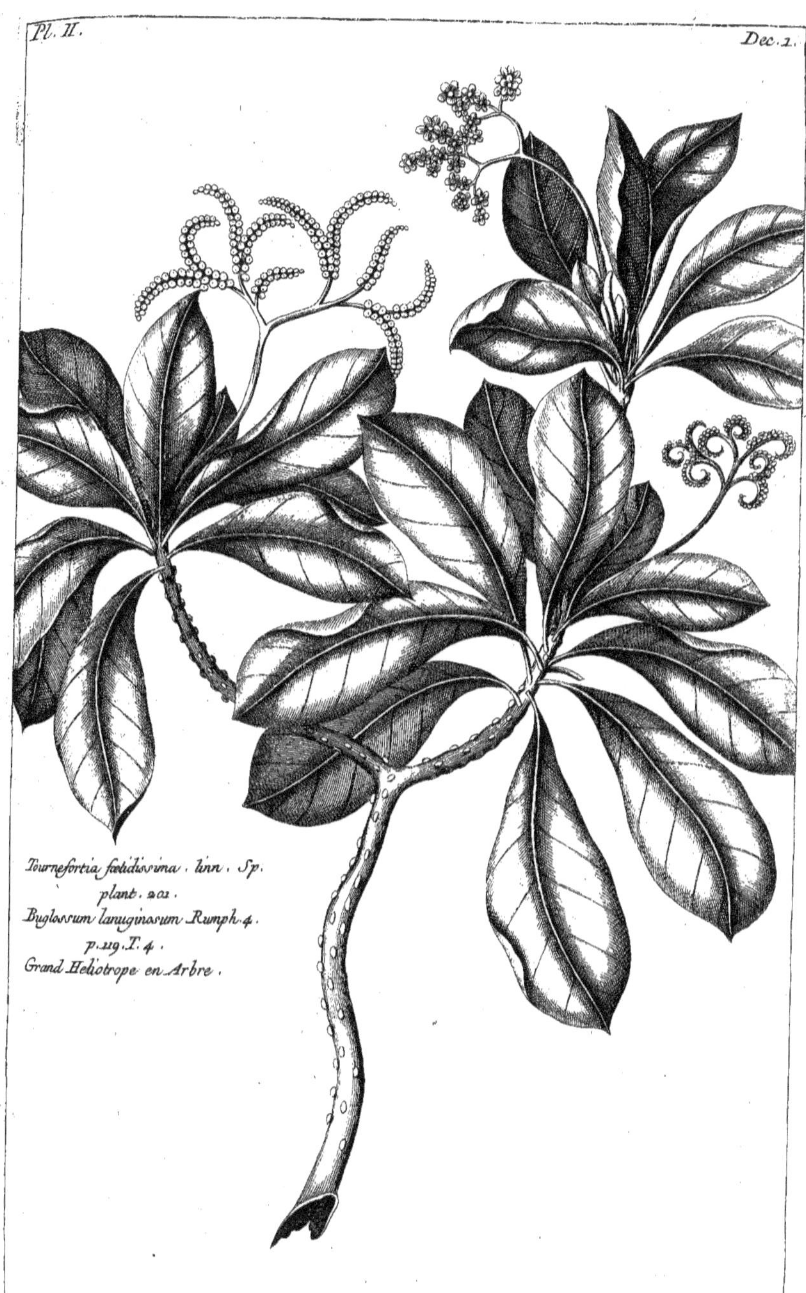

Pl. II.
Dec. 1.
Tournefortia fœtidissima . linn . Sp.
plant. 201.
Buglossum lanuginosum Rumph. 4.
p. 119. T. 4.
Grand Heliotrope en Arbre.
Cent. 6.

Tabernæmontana Citrifolia. linn.
Sp. pl. 308.
Lignum Scolare. Rumph. 2.
p. 248. T. 82.
Le Bois des Ecoles.

Pl. IV.
Dec. 1.
Arbor pinguis. Rumph.
2. p. 250. T. 83.
l'Arbre gras.
A
Cent. 6.

A
B
B
C
Michelia Sempaca. linn. Sp.
plant. 756.
Sampacca. Rumph. 2. p. 205.
T. 69.
Sampacca de Montagnes.

Fig. 1.
Fig. 2.
Fig. 1. Camunium Sinense. Rumph. 5. p. 29.
T. 18. an vitex linn.?
Tsjulang.
Fig. 2. Vitex pinnata. linn. Sp. plant. 890.
Camunium japonense. Rumph. jbid.
Camuneng japon.

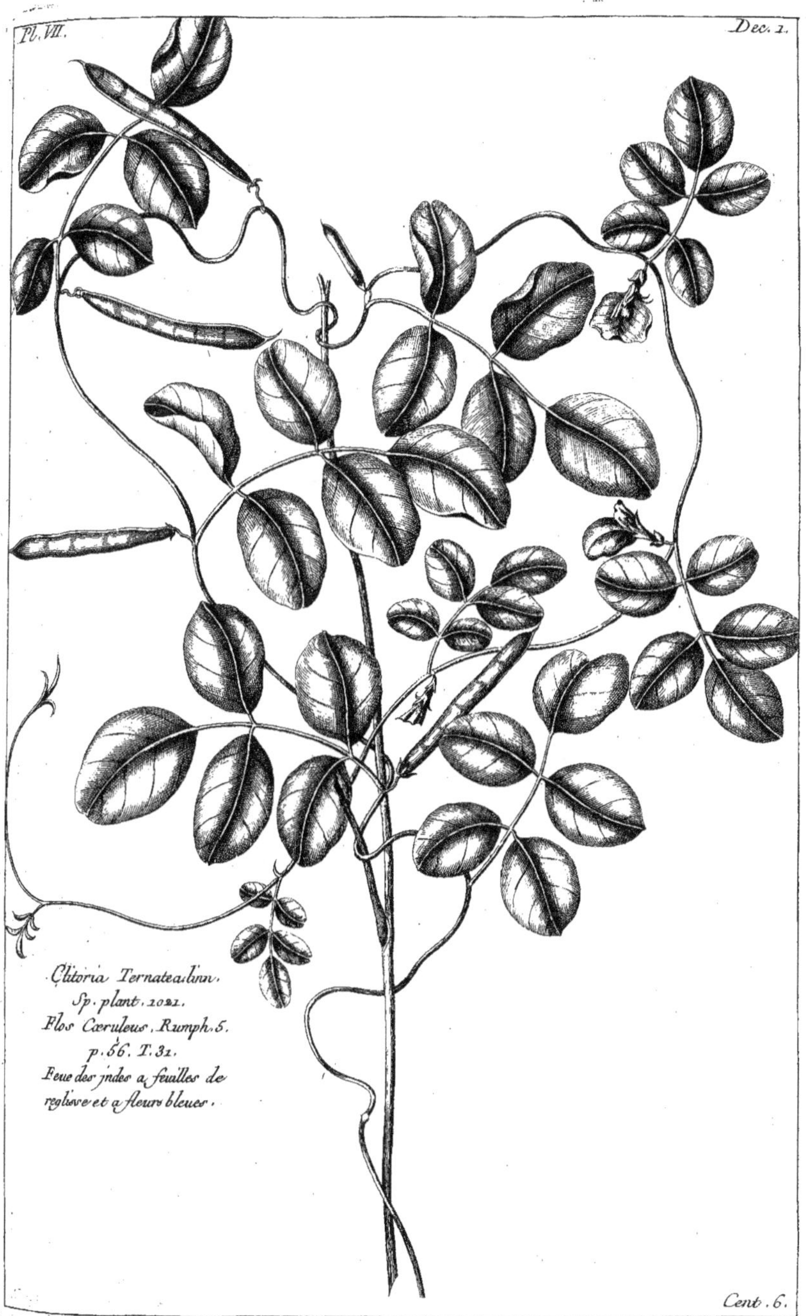

Pl. VII.
Dec. 1.
Clitoria Ternatea. linn.
Sp. plant. 1021.
Flos Cœruleus. Rumph. 5.
p. 56. T. 31.
Feue des jndes a feuilles de
reglisse et a fleurs bleues.
Cent. 6.

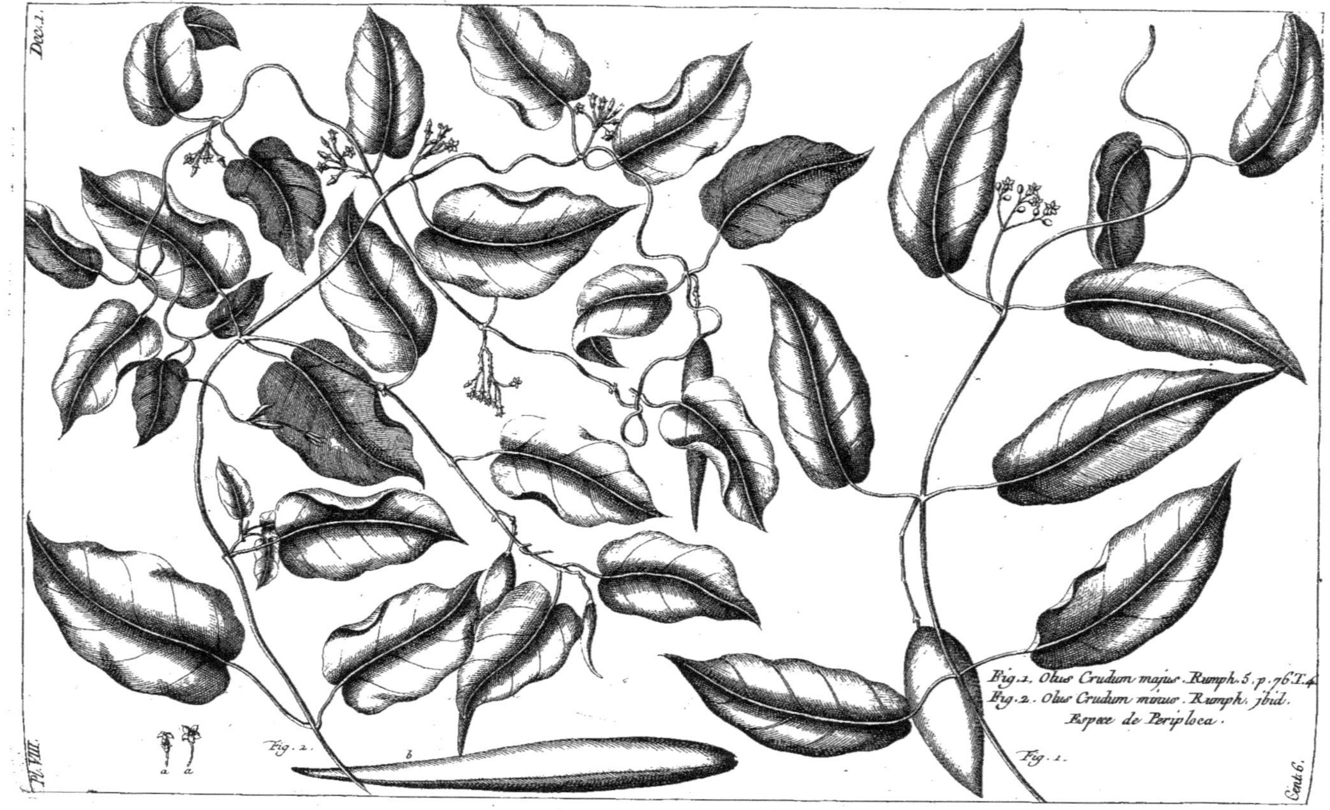

Fig. 1. Olus Crudum majus. Rumph. 5. p. 76 T. 4.
Fig. 2. Olus Crudum minus. Rumph. ibid.
Espæce de Periploca.

Pl. IX.
Dec. I.
Cortex Consolidans Rumph. 5.
p. 32. T. 19.
Arbre en Corde.
Cent. 6.

Pl. X.
Dec. 1.
A
B
Menispermum Cocculus. linn. Sp.
plant. 1468.
Tuba Baccifera. Rumph. 5. p. 36. T. 22.
Arbre aux Coques.
Cent. 6.

Pl. I.
Dec. 2.
Quercus molucca. linn. Sp.
plant. 1412.
Rumph. 3. p. 86. T. 56.
Chesne des Moluques.
B
A
Cont. 6.

Pl. II.
Dec. 2.
Ganitrum oblongum. Rumph. 3.
p. 164. T. 102.
Catulampa.
Cent. 6.

Nauclea orientalis. linn. Sp. plant. 243.
Banculus. Rumph. 3. p. 84. T. 55.
Cephalante oriental.

Arupa Rumph. 3.
p. 66. T. 38.
Arupa.

Carbonaria. Rumph. 3.
p. 54. T. 29.
Le Bois aux Charbons.

Pl. VI.
Dec. 2.
Aristolochia jndica.
linn. Sp. plant.
Radix puloronica Rumph.
3. p. 478. T.177.
Clematite de l'Isle de Ron.
Cent. 6.

Funis uncatus. Rumph.
5. p. 64. T. 34.
Daun gatta gambir.
Fig. 1.
Fig. 2.
Fig. 3.

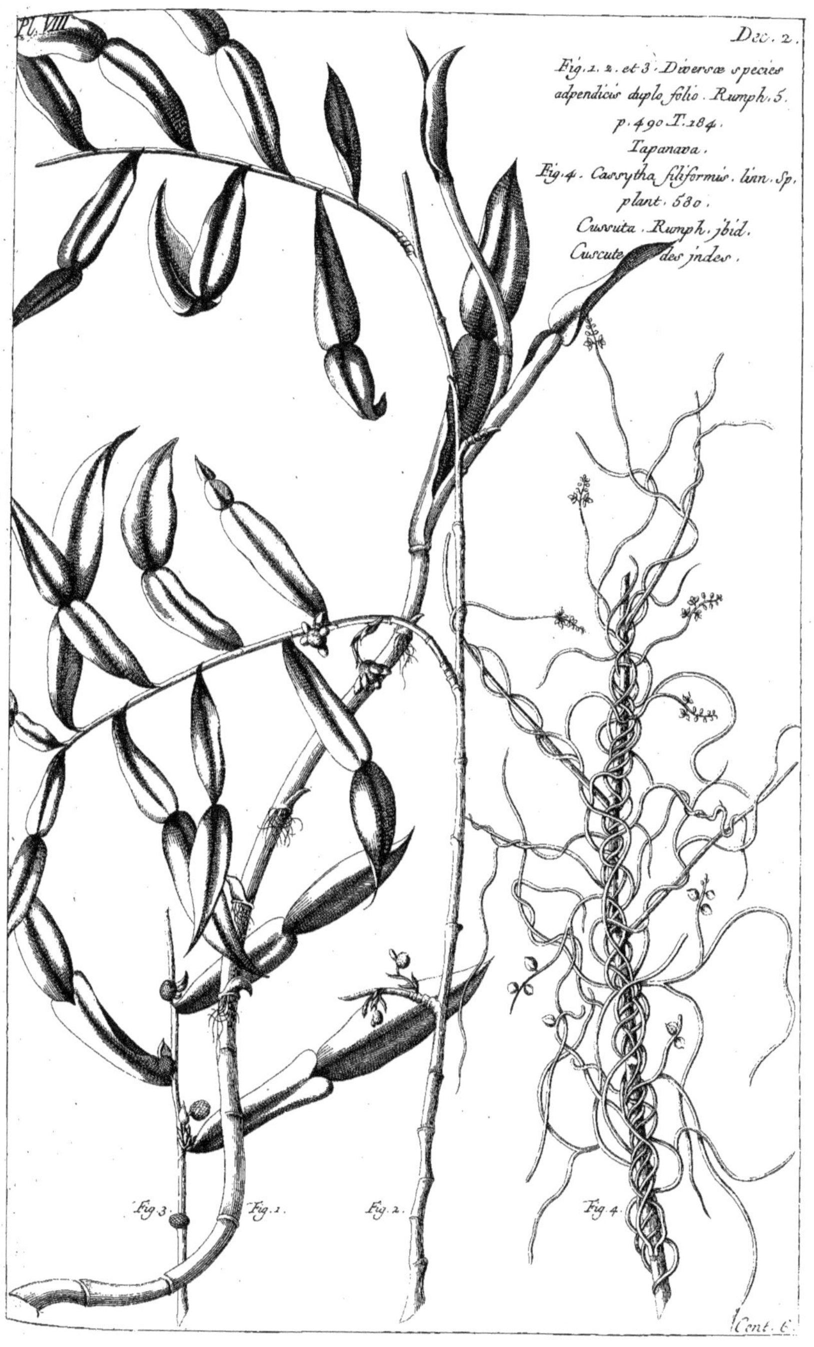

Pl. VIII.
Dec. 2.
Fig. 1. 2. et 3. Diversæ species
adpendicis duplo folio. Rumph. 5.
p. 490 T. 184.
Tapanava.
Fig. 4. Cassytha filiformis. linn. Sp.
plant. 580.
Cuscuta. Rumph. ibid.
Cuscute des jndes.
Fig. 3.
Fig. 1.
Fig. 2.
Fig. 4.
Cont. 6.

Pl. IX.
Dec. 2.
Hernandia ovigera. linn.
Sp. plant. 1392.
Arbor ovigera. Rumph. 3.
p. 193. T. 123.
l'Arbre qui porte des Œufs.
A
B
C
Cent. 6.

Verbifolia. Rumph. 3. p. 101. T. 67.
Sappal lauhali.
A
B

Pl. I.
Decad. 3.
Aloë Africana flore rubro, folio,
triangulari, et verrucis albicantibus
ab utraque parte notato Bœr.
Aloës d'Affrique à verruës.
Cent. 6
M.lle Newrange Sculpsit.

Caprificus aspera. Rumph.
3. p. 152. T. 94.
Ficus malabaricæ foliis rigidis
fructu rotundo lanuginoso flavescente
cerasi magnitudine. Flor. malab.
Figuier de malabar.

Arbor rediviva. Rumph. 5.
p. 166. T. 104.
l'Arbre qui revit.

Pl. IV.
Dec. 3.
Granatum littoreum parvifolium. Rumph.
5. p. 94. T. 61.
Grenade des Ravages.
A
A
Cent. 6.

Laharus. Rumph. 3. p. 44. T. 24.
Laharong.

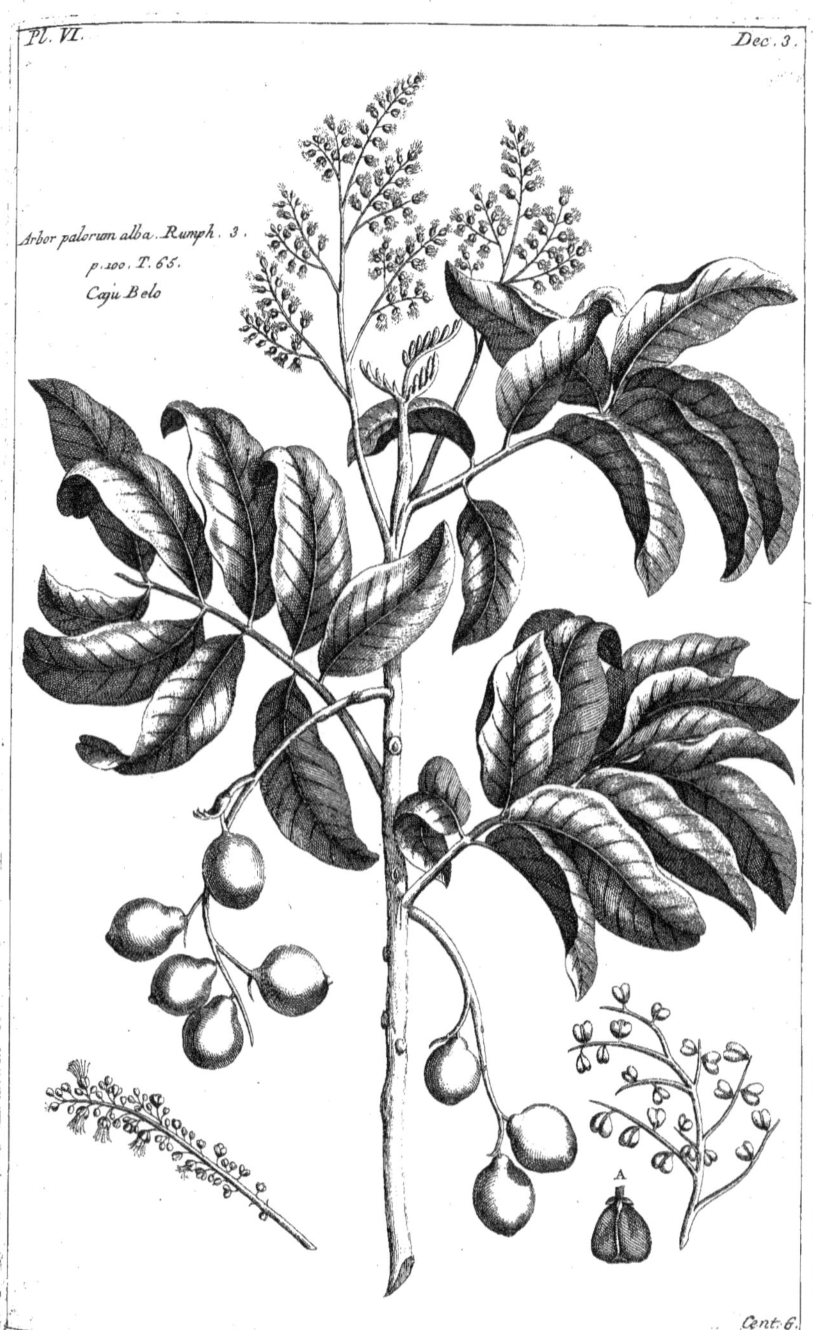
Arbor palorum alba. Rumph. 3.
p. 100. T. 65.
Caju Belo
A

Machilus Media Rumph. 3. p. 70. T. 42.
Espece de Laurier.

Rhizophera . linn .
Mangium montanum . Rumph. 3 . p . 123 . T. 82 .
Gænong .

Anona triloba. Linn. Sp. plant. 756.
Anona fructu lutescente levi. Scrotum
    arietis referente. Catesb. 2. p. 85. T. 85.
Anona à 3 lobes.

Cent. 6.
Fessard Sculp.

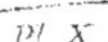

Hura Crepitans. Linn. Sp. plant. 1431.
Hura d'Amerique.

Crassula perfoliata. Linn. Sp. plant. 404.
Crassule à tige elevée.

M.ᵉ Pinard del.   Viingelisti Sculp.

Pl. II.
Decad. 4.
Celosia castrensis. Linn.
Sp. plant. 297.
Amaranthus vulgaris Rumph. 5.
p. 236. T. 84.
Amaranthe commun.
Cent. 6.

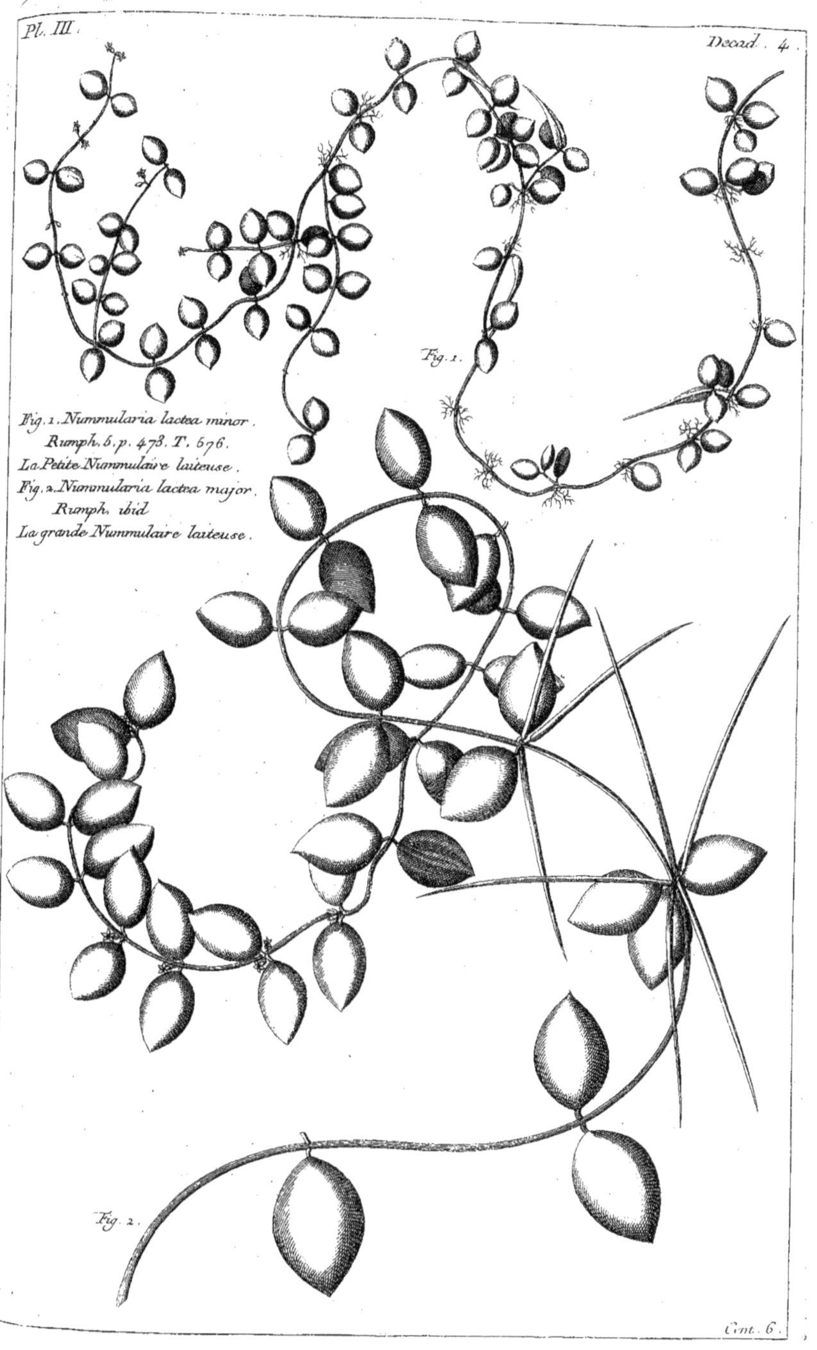

Pl. III.
Decad. 4.
Fig. 1.
Fig. 1. Nummularia lactea minor.
Rumph. 6. p. 473. T. 676.
La Petite Nummulaire laiteuse.
Fig. 2. Nummularia lactea major.
Rumph. ibid
La grande Nummulaire laiteuse.
Fig. 2.
Cent. 6.

Pl. IV.
Decad. 4.
Fig. 1. Datura metel. Linn. Sp. plant. 256.
Datura alba. Rumph. p. 246. T. 87.
Fig. 2. Datura fastuosa. Linn. ibid.
Datura rubra. Rumph. ibid.
Stramonium à fleurs blanches et rouges
Fig. 2.
Fig. 1.
Cent. 6.

Pl. V.
Deaid. 4.
Globba Sylvestris major.
Rumph. 6. p. 140. T. 62.
Galanga mâle.
Cent. 6.

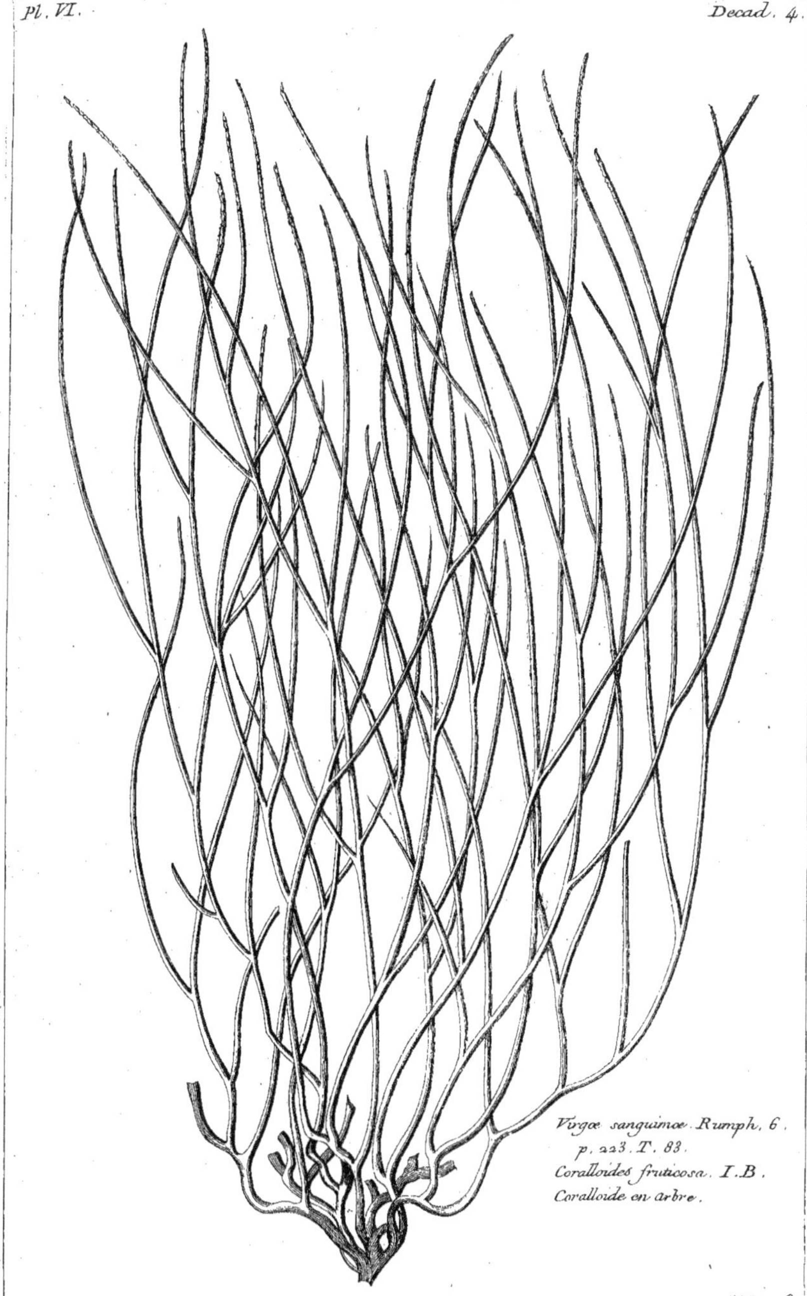

Virgæ sanguineæ. Rumph. 6.
p. 223. T. 83.
Coralloides fruticosa. I.B.
Coralloide en arbre.

Funis urens. Rumph. 5. p. 14. T. 9.
Liane brulante.

Arbor spiculorum. Rumph. 3.
p. 268. T. 106.
Arbre aux Fleches.

Varinga rubra. Rumph. 3. p. 135. T. 85.
Waringin rouge.

Ichthyoctonus montana. Rumph. 3. p. 215. T. 139.
Walan.

Pl. I.
Dec. 5.
Nagassarium. Rumph. auct.
p. 4. T. 2
Nagassari.
A
B
Cent. 6.

Pl. II.
Decad. 5.
Aloë africana caulescens. foliis caulem
amplectantibus latioribus et undique
Spinosis commelin prælect.70.
Aloës d'Affrique à tige.
Cent. 6.
Aubron Pin.
Fessard. Sculp.

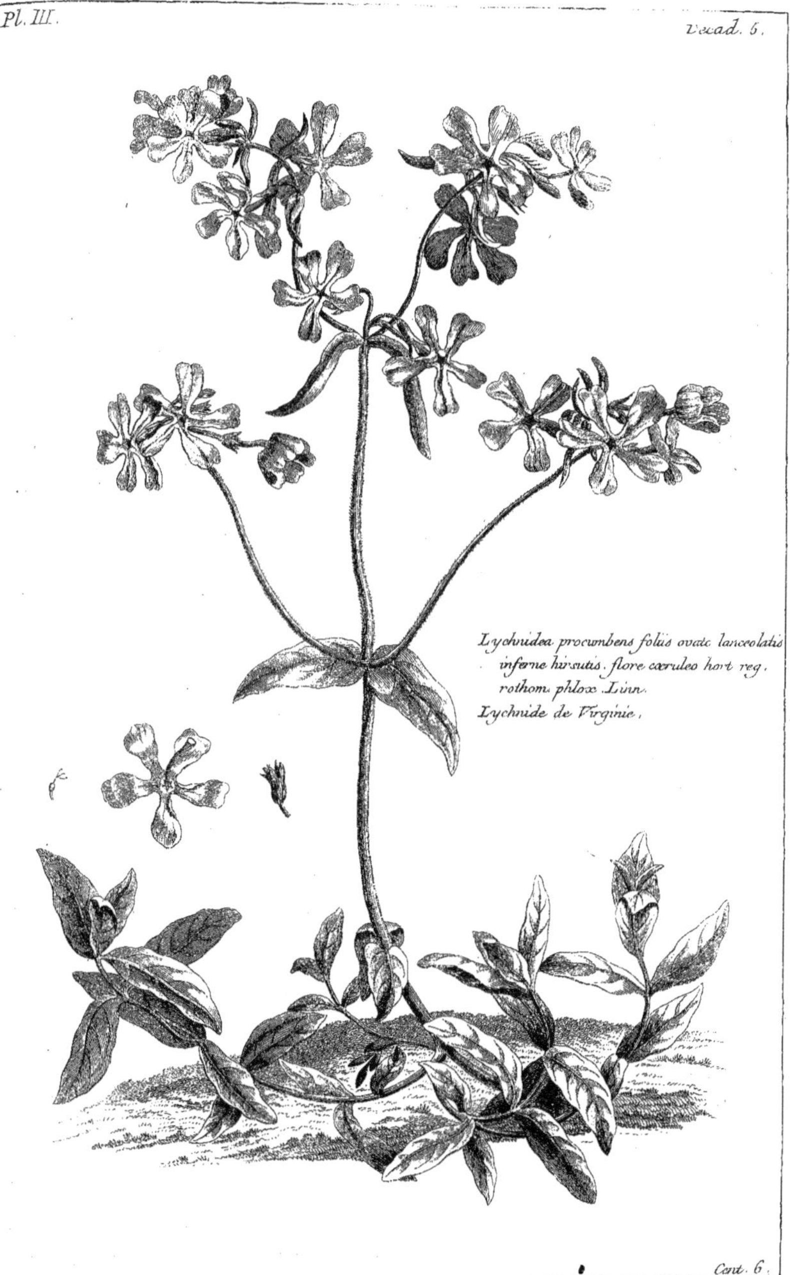

Lychnidea procumbens foliis ovato lanceolatis inferne hirsutis. flore cæruleo hort reg. rothom. phlox. Linn.
Lychnide de Virginie.

M.^{le} Pincord del.   Fessard Sculp.

Cent. 6.

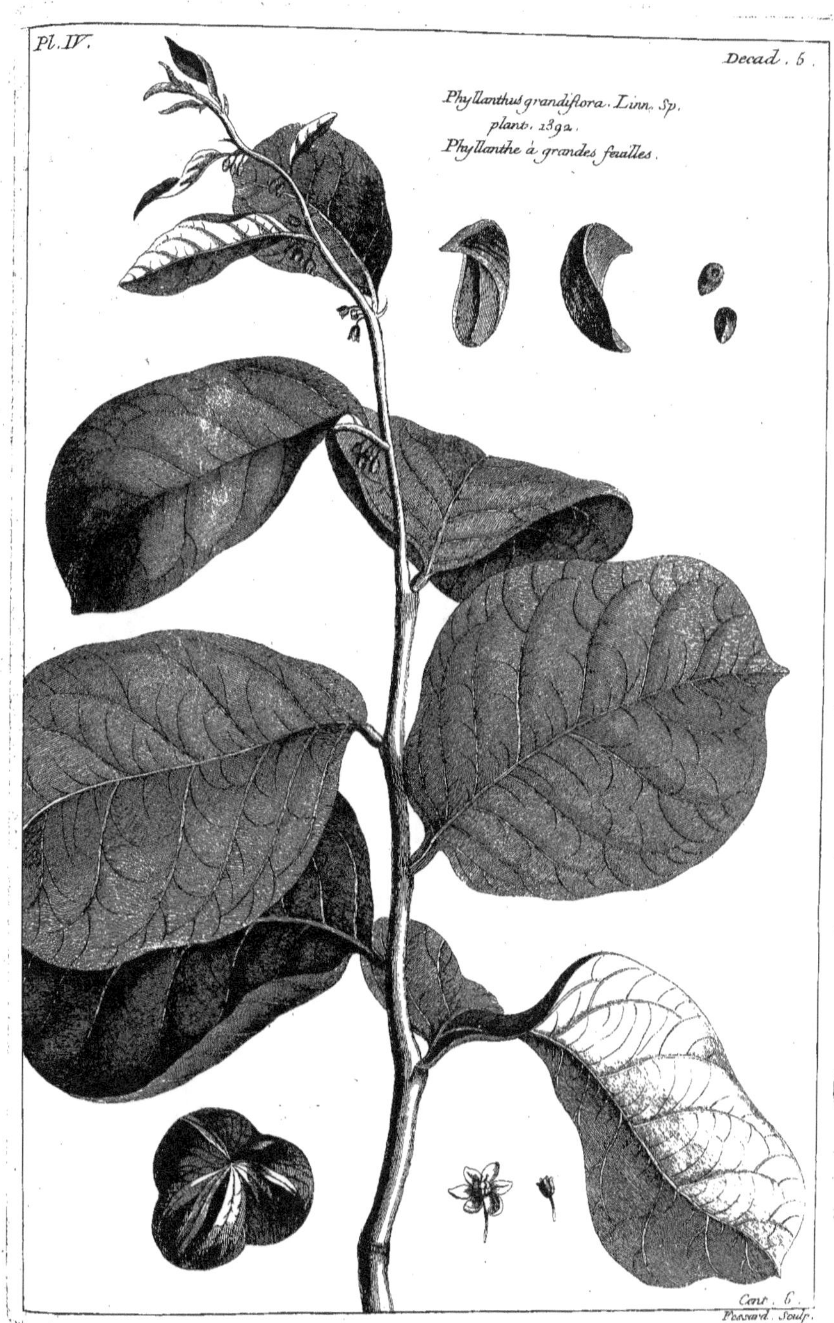

Pl. IV.
Decad. 6.
Phyllanthus grandiflora. Linn. Sp.
plant. 1392.
Phyllanthe à grandes feuilles.
Cent. 6.
Pessard. Sculp.

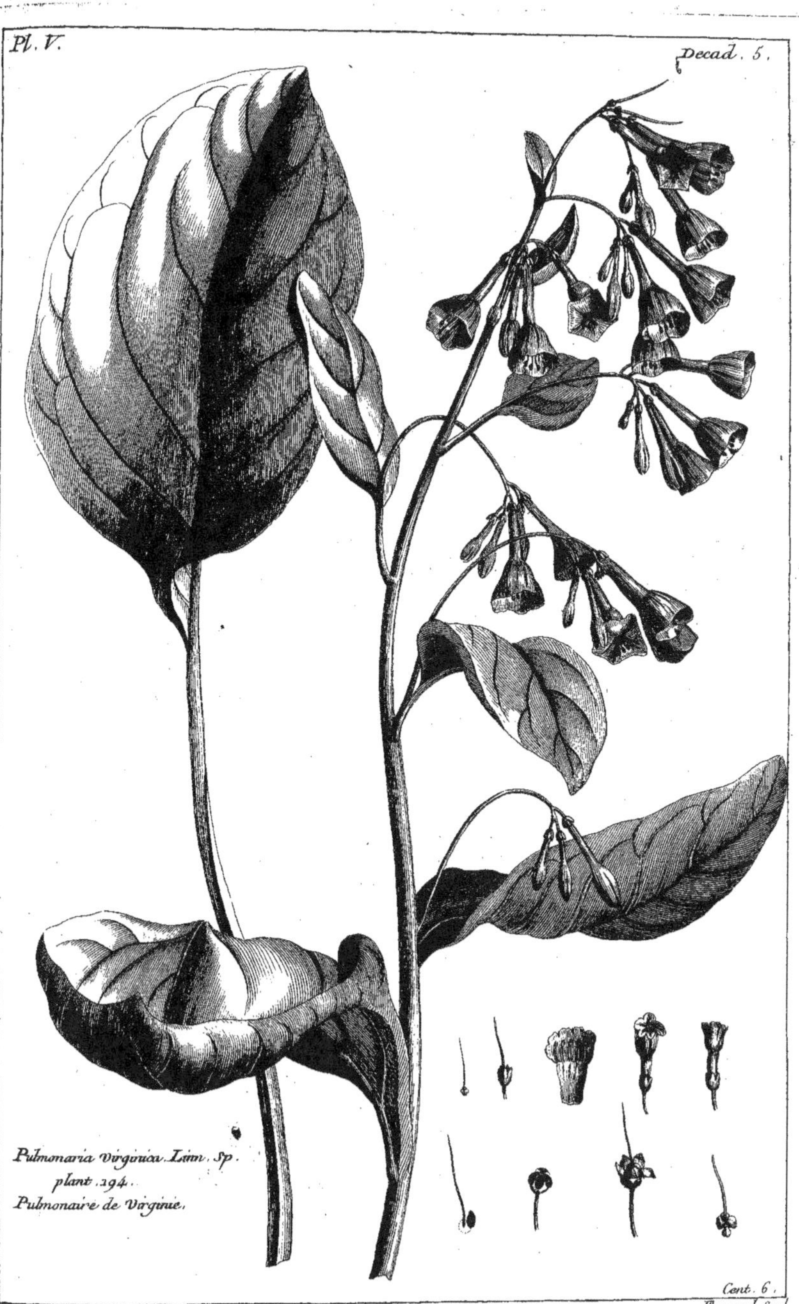

Pl. V.
Decad. 5.
Pulmonaria Virginica. Linn. Sp.
plant. 194.
Pulmonaire de Virginie.
Cent. 6.
Fessard Scul.

Pl. VI.
Decad. 6.
Celastrus pyracanthus. Linn. Sp. plant. 286.
Lycium d'Ethiopie à feuilles de Pyracantha.
Femme Fessard del.
Cent. 6.
Fessard Sculp.

Arum sagittæfolium. Linn. Sp.
plant. 1369.
Petit Arum du Bresil.

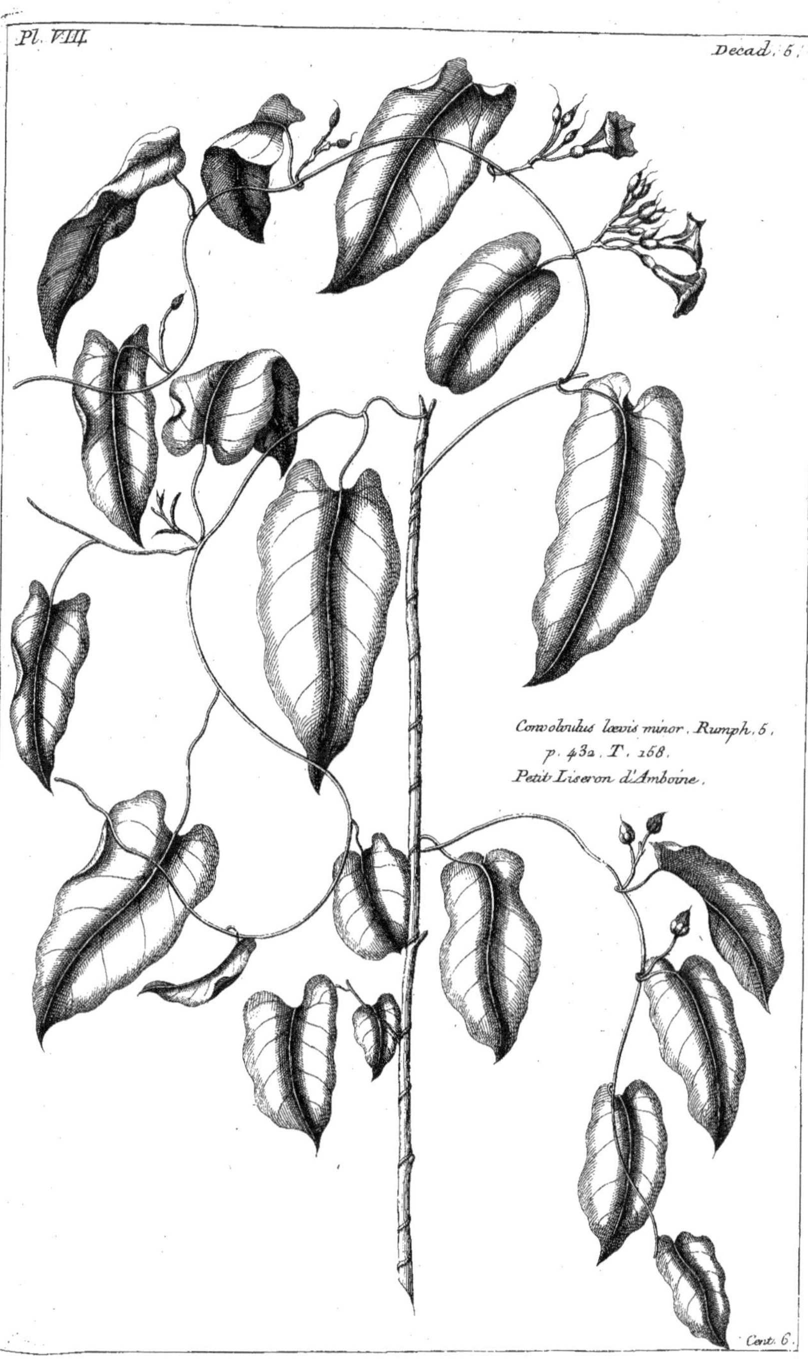

Convolvulus lævis minor. Rumph. 5.
p. 43a. T. 168.
Petit Liseron d'Amboine.

Dioscorea sativa, Linn. Sp. plant. 1463.
Olus sanguinis, Rumph. 5. p. 482. T. 180.
Legume sanguin.

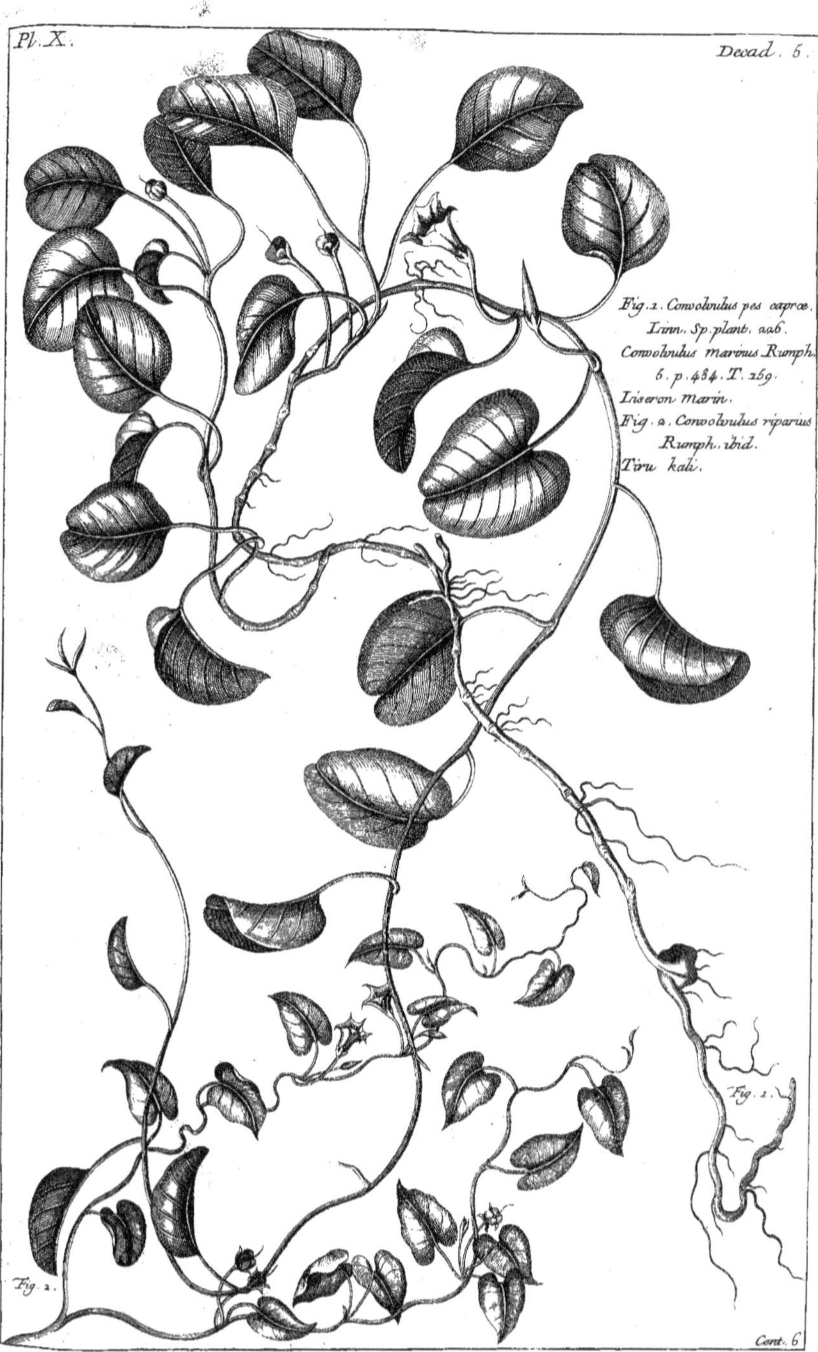

Pl. X.
Decad. 5.
Fig. 1. Convolvulus pes capræ,
Linn. Sp. plant. 226.
Convolvulus marinus Rumph.
5. p. 484. T. 159.
Liseron Marin.
Fig. 2. Convolvulus riparius
Rumph. ibid.
Tiru kali.
Fig. 1.
Fig. 2.
Cent. 6.

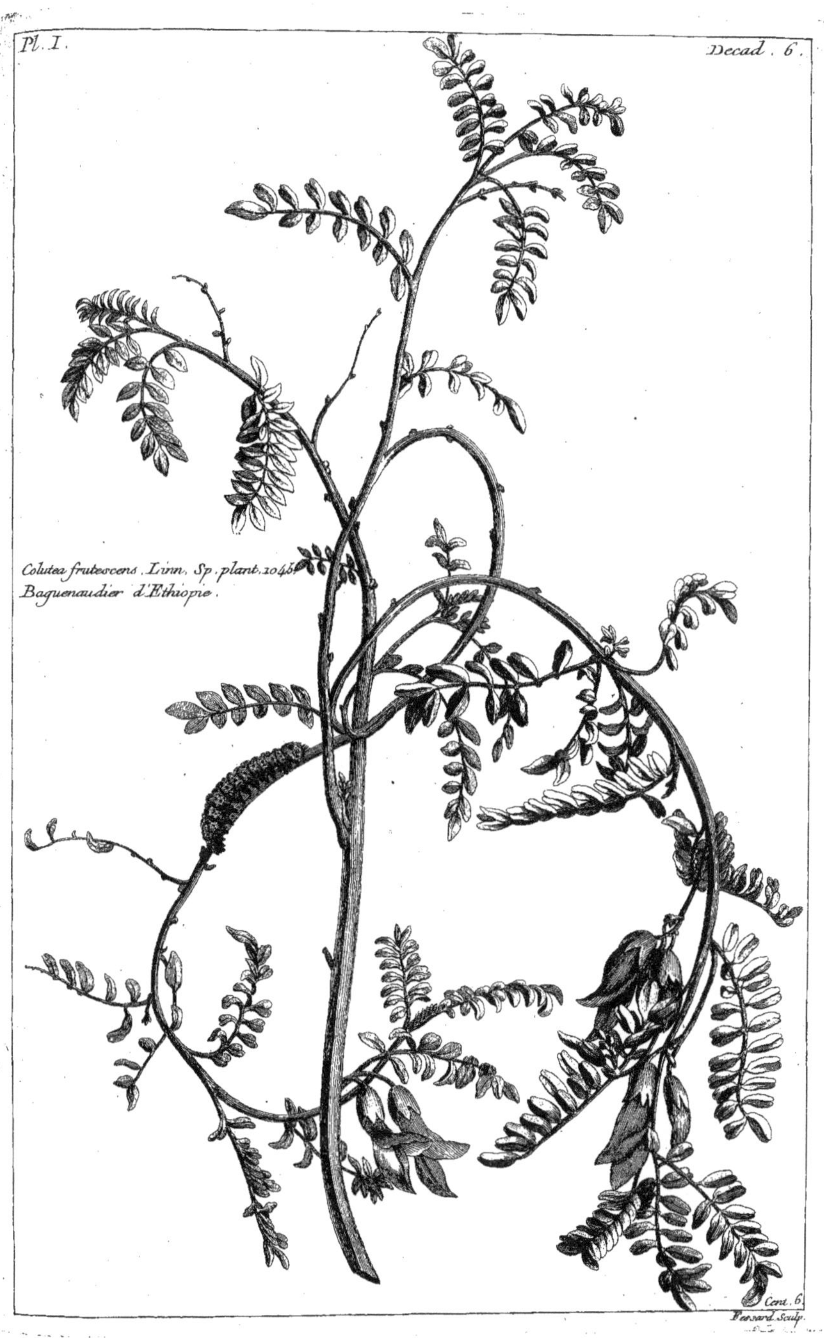

Pl. I.
Decad. 6.
Colutea frutescens. Linn. Sp. plant. 1046.
Baguenaudier d'Ethiopie.
Cent. 6.
Fessard. Sculp.

Aloé variegata, Linn. Sp.
plant. 469.
Aloés Péroquet.
Cent. 6.
Fessard Sculp.

Pl. III.
Decad. 6.
Aloë Affricana milvæformis,
Spinosa dillen elth. 21.
Aloës milvé.
Cent. 6.
Fessard Soul.

Fig. 1. Flabellum Marinum arvense.
Rumph. 6. 206. T. 80.
Keratophyton majus nigrum fibris
Tenuioribus elegantissime et densissime
reticulatis. Boer.
Eventail de Mer.
Fig. 2. Cupressus Marina. Rumph. ibid.
Cyprès de Mer.
Fig. 3. Fœnum Marinum. Rumph. ibid.
Presle Marine.

Fig. 1. Physalis pubescens, Linn.
Sp. plant. 262.
Alkekenge de Virginie.
Fig. 2. Solanum nigrum, Linn.
Sp. plant. 266.
Morelle.

Pl. VI.
Decad. 6.
Fig. 2.
Fig. 1.
Fig. 1. Olus squil-
lorum. Rumph.
6. p. 37. T. 15.
Sajor udang.
Fig. 2. Bidens bipinnata.
Linn. Sp. plant. 1166.
Agrimonia Moluccu.
Rumph. 6. p. 37.
T. 16.
Aigremoine des Moluques.
Cont. 6.

Fig. 1.

Fig. 1. Tingulong. Rumph. auct. 55. T. 23.
Fig. 2. Nanuon calapparian. Rumph. ibid.
Nani wer.

Fig. 2.

Cent. 6.

Herpetica. Rumph. auct. p. 86. T. 28.
Cassia siliquis alatis. phon. pl. am.
Casse à siliques elevées.

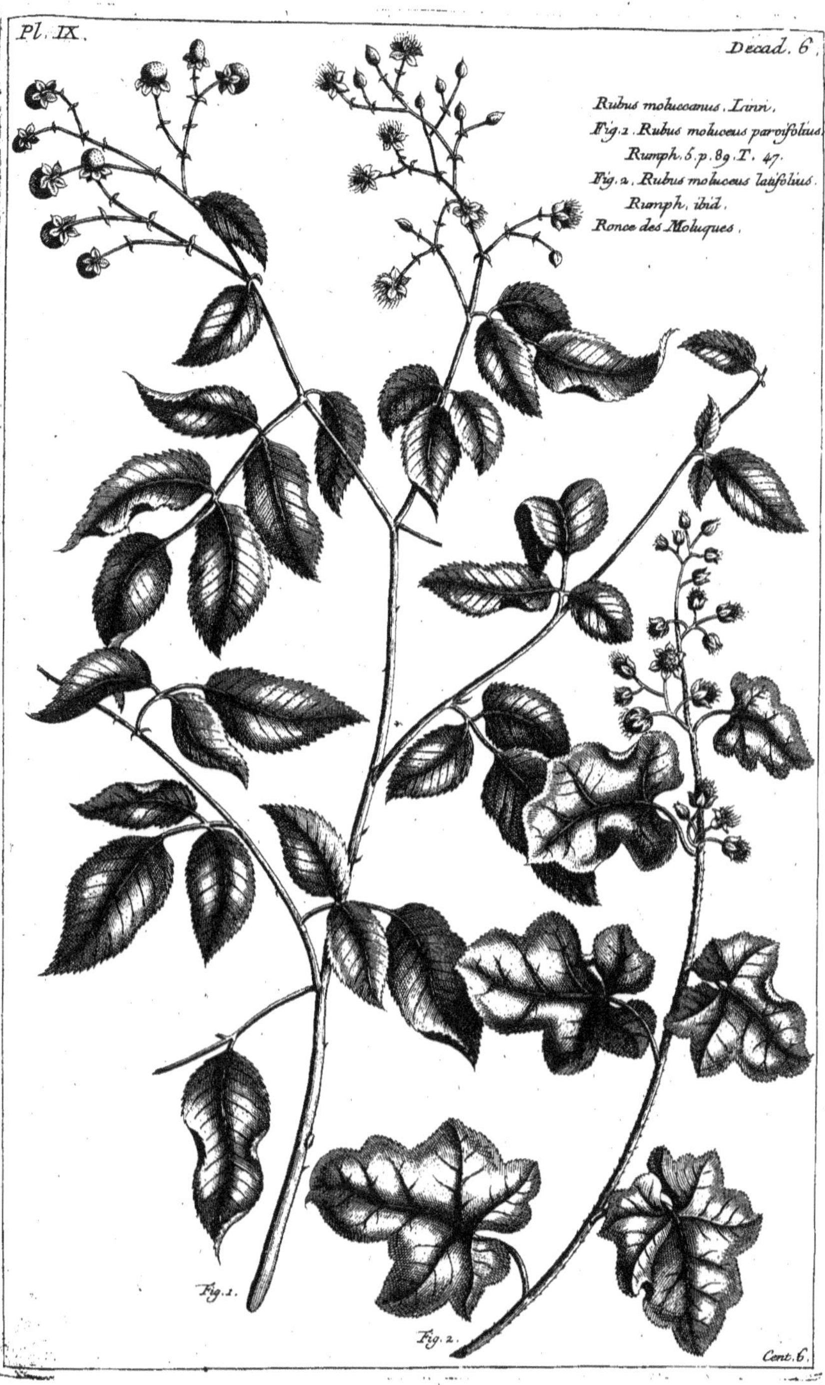
Pl. IX.
Decad. 6.
Rubus moluccanus. Linn.
Fig. 1. Rubus moluccus parvifolius.
Rumph. 5. p. 89. T. 47.
Fig. 2. Rubus moluccus latifolius.
Rumph. ibid.
Ronce des Moluques.
Fig. 1.
Fig. 2.
Cent. 6.

Pl. X.
Decad. 6.
Rudens Sylvaticus major et minor. Rumph. 6.
p. 81. T. 43.
Liane des Bois.
Fig. 1.
Fig. 2.
Cent. 6.

Pl. I.
Decad. 7.
Laserpitium siler. Linn. sp.
plant. 857.
Laiesche.
M. Pinard, Del.
Cent. 6.
Fessard. Sculp.

Pl. II.
Decad. 7.
Lamium garganicum. Linn. Sp.
plant. 808.
Lamier à feuilles de cataire. 
Cent. 6
Dossara.

Dracocephalum Sibiricum. Linn. Sp. 830.
Cataire de Montagnes à feuilles de
Veronique des prés.

Cent. 6.

Des. Gra. et Donné par M.ᵉ Pinard.

Ancmonæ affinis Ethiopica fibrosa radice,
flore asteris taraxacifoliis subincanis
H. lugd. Bat.
Espece d'Ancmone d'Ethiopic à fleurs d'Aster.

Bassporte Pinx.

Cent. 6.

Pessard Sculp.

Cacti grandiflori flos et fructus maturus.
Fleur et Fruit mur du Cierge
gresle et grimpant.

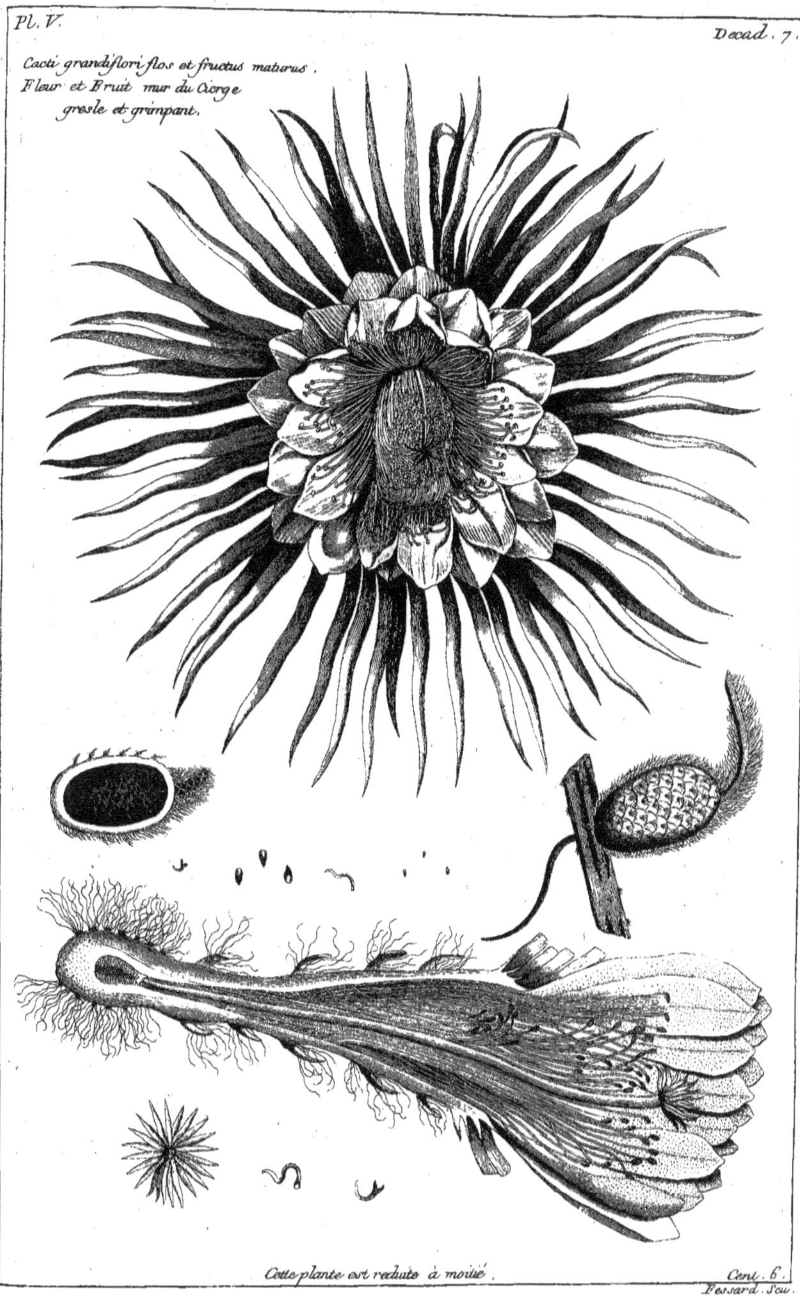

Cette plante est reduite à moitié.   Cent . 6 .
                                                Fessard . Scu .

Jatus. Rumph. 3. p. 36.
T. 18.
Caju jati.
Cent. 6.

Rhizophora. Linn.
Mangium floridum. Rumph. 3. p. 125.
T. 83.
Mangi Mangi. bonga.

Fig. 1. Machilus angustifolia
Rumph. auct. p. 60. T. 27.
Machilan, espece de Laurier.
Fig. 2. Verbena rubra.
Rumph. ibid.
Amaranthus sive blitum. B.
Espece d'Amaranthe.
Fig. 2.
Fig. 1.
Cent. 6.

Ampacus angustifolia.
Rumph. a. p. 189. T. 62.
Rhus foliis ternatis oblongo
acutis ex ramis et
petiolis florifera. Burm.
Giba.

Ampacus latifolia. Rumph. a. p. 187. T. 6.
Rhus foliis ternatis petiolatis oblongis, ex
petiolis florifera. Burm.
Sassea.

Cent. 6 .

J. Joubert Pinx.   Bessard . Sculp .

Pl. II.
Decad. 8.
Matricaria parthenium. Linn.
Sp. plant. 1255.
Matricaire commune.
Cent. 6.
Caresme. Pinx.
Bessard. Sculp

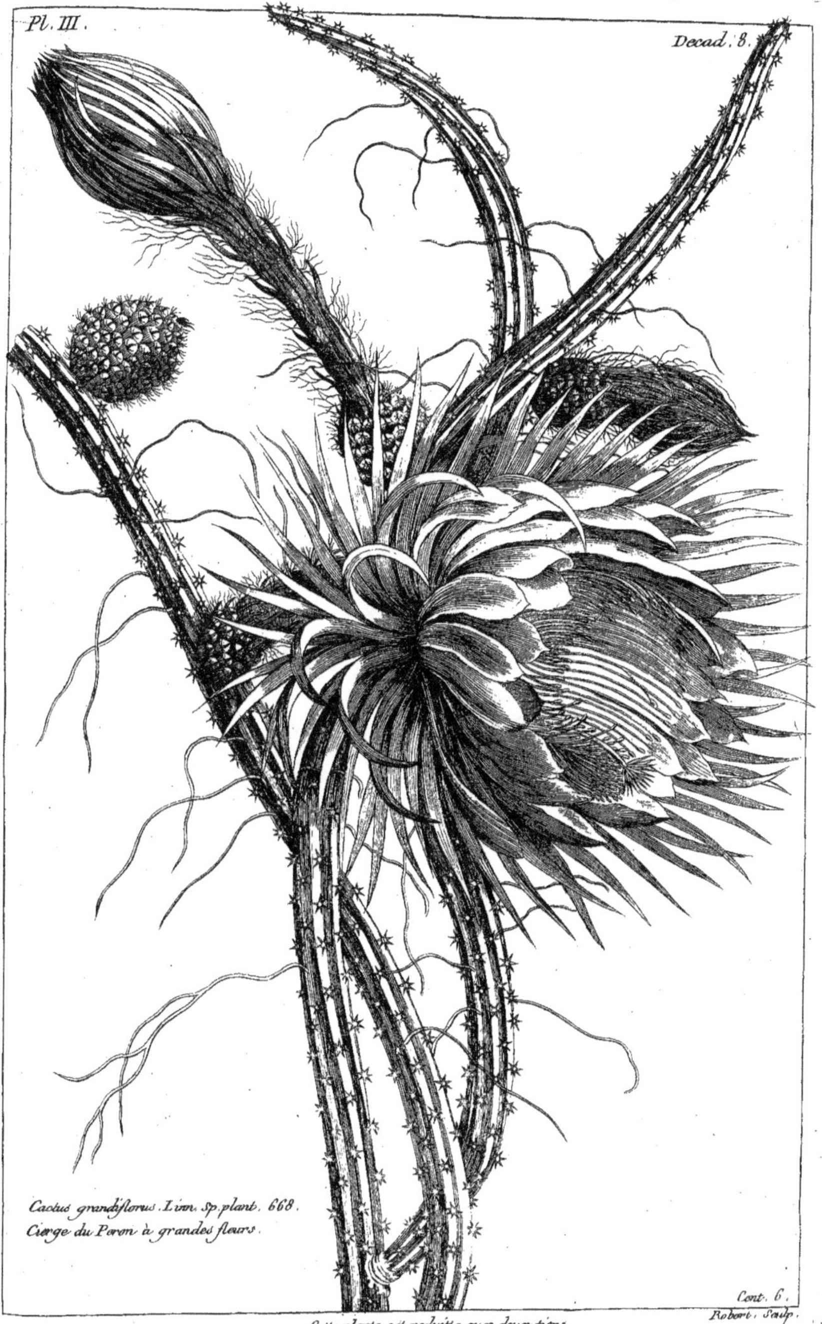

Cette plante est reduite aux deux tiers.

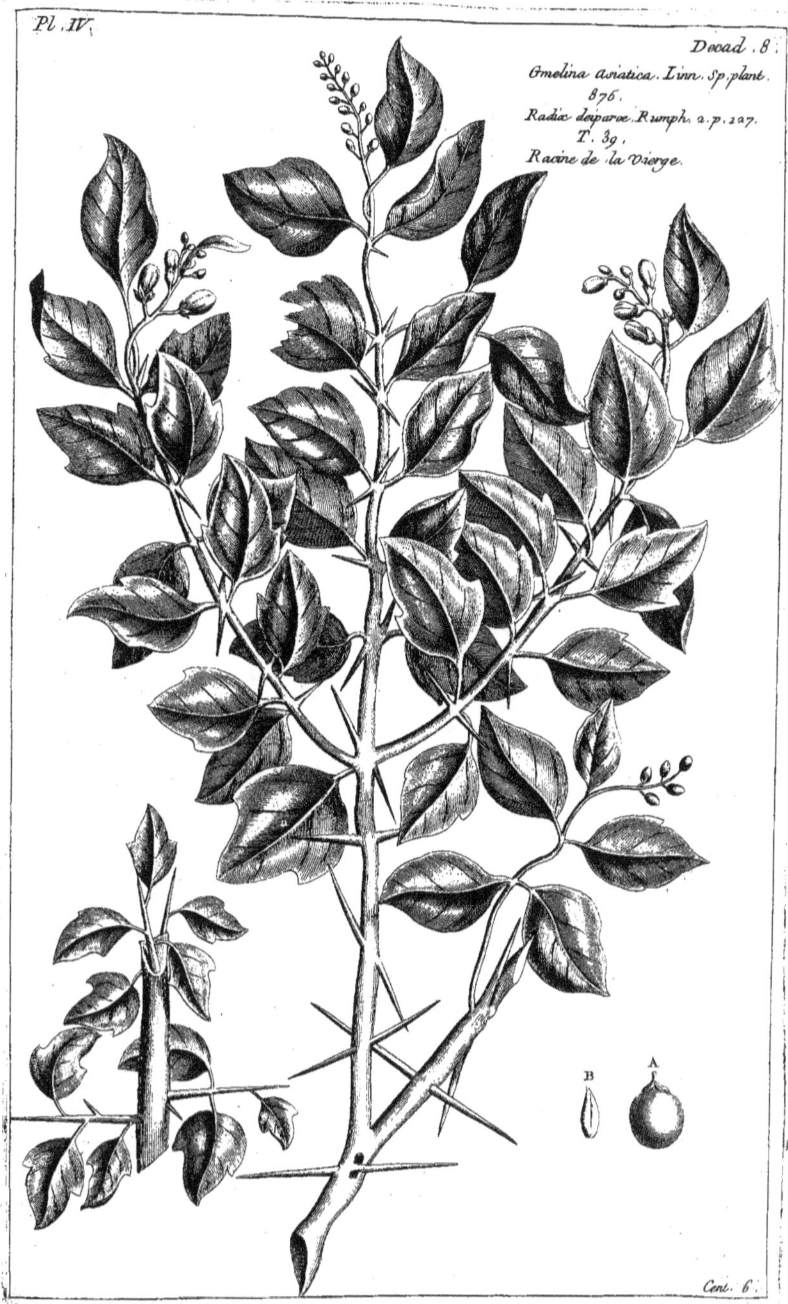
Pl. IV.
Decad. 8.
Gmelina asiatica. Linn. Sp. plant.
876.
Radix deiparæ. Rumph. 2. p. 227.
T. 39.
Racine de la Vierge.
B
A
Cent. 6.

Rhamnus napeæ. Linn. Sp. plant. 282.
Vidara littorea. Rumph. 2, p. 121. T. 37.
Jujubier des Indes.

Cent. 6.

Pl. VI.
Decad. 8.
Canarium Sylvestre alterum, nanarium.
Rumph. 2. p. 266. T. 49.
Nanari.
A   A
Cont. 6.

Canarium odoriferum hirsutum.
Rumph. 2. p. 260. T. 61.
Camacoan.
A
A

Rhizophora. Linn.
Mangium ferreum Rumph. 3.
p. 121. T. 79.
Waccat Bessi.
A
B
Cent. 6.

Ficus Indica. Linn. Sp. plant. 1614.
Varinga latifolia. Rumph. 3. p. 1515. T. 84.
Figues d'Inde.

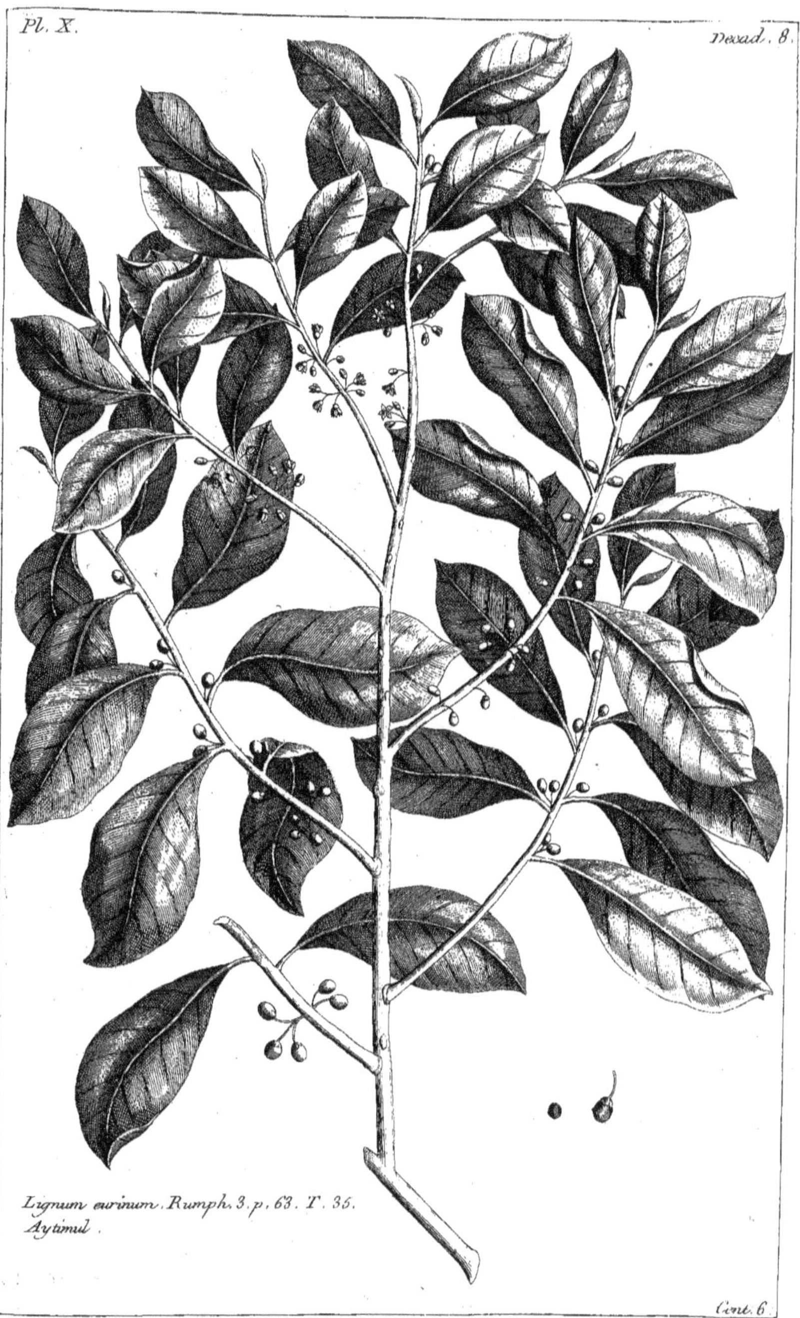

Lignum avinum. Rumph. 3. p. 63. T. 35.
Aytimul.

Cint. 6.

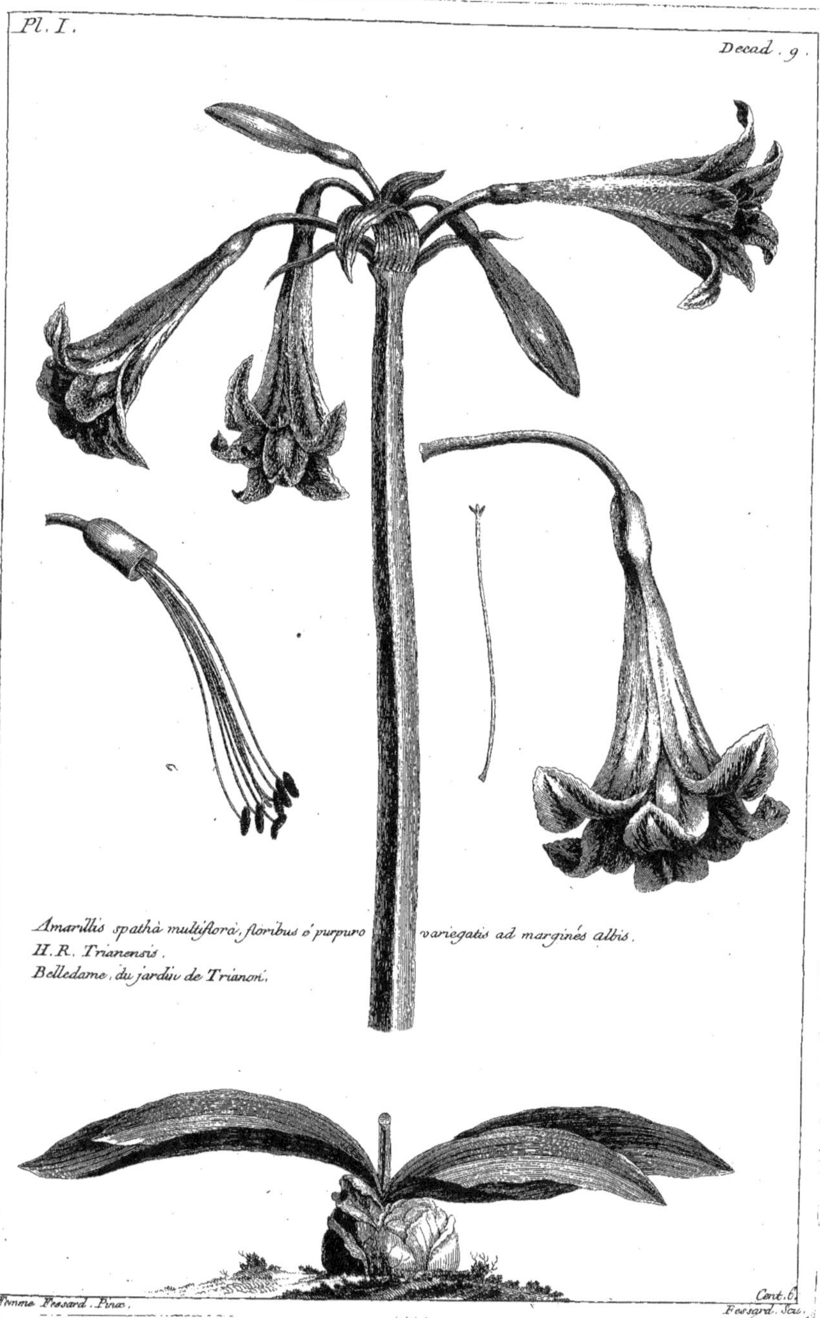

Pl. I.
Decad. 9.
Amarillis spathà multiflorà, floribus è purpuro variegatis ad marginés albis.
H.R. Trianensis.
Belledame, du jardin de Trianon.
Homme Fessard. Pinx.
Cent. 6.
Fessard. Scu.

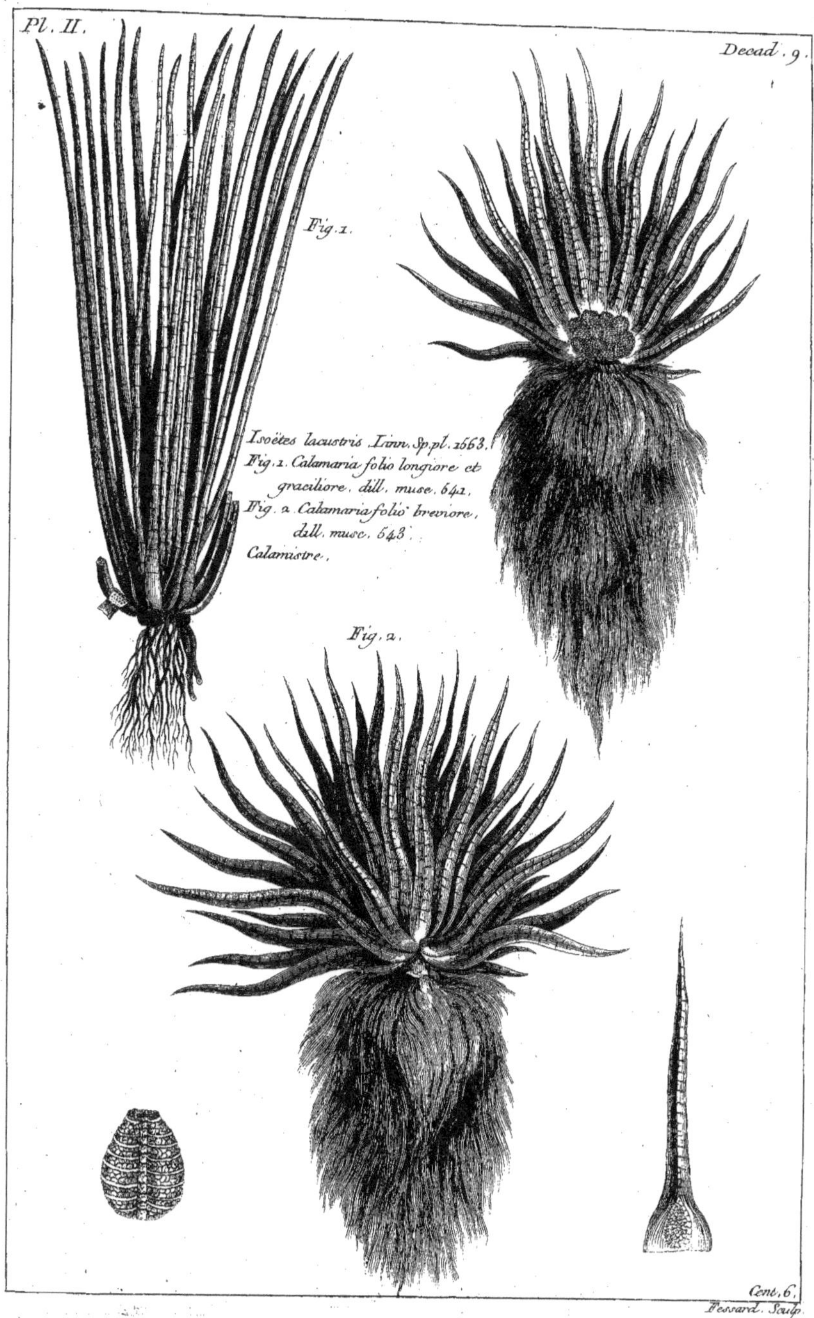
Pl. II.
Decad. 9.
Fig. 1.
Fig. 2.
Isoëtes lacustris Linn. Sp.pl. 1663.
Fig. 1. Calamaria folio longiore et
graciliore. dill. musc. 641.
Fig. 2. Calamaria folio breviore,
dill. musc. 643.
Calamistre.
Cent. 6.
Bessard. Sculp.

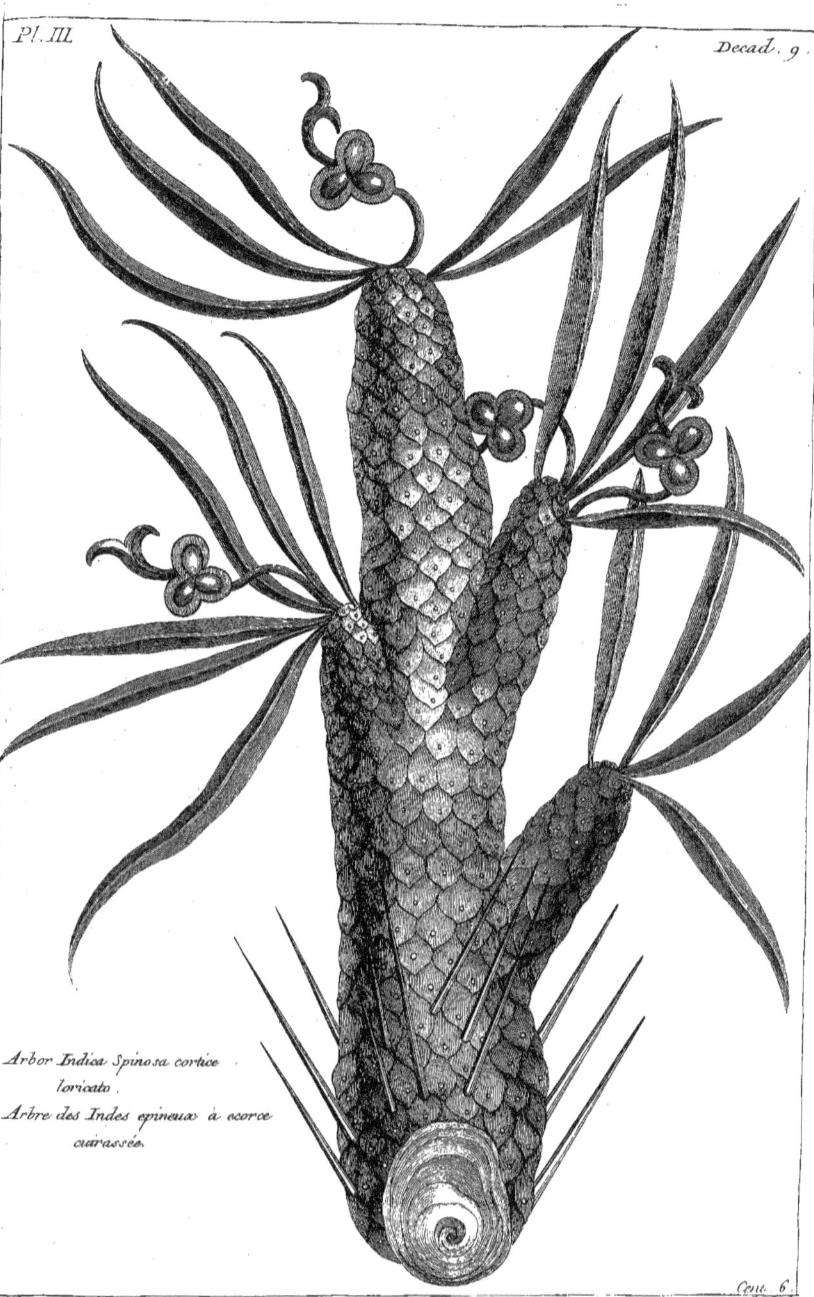

Arbor Indica Spinosa cortice
loricato.
Arbre des Indes epineux à ecorce
cuirassée.

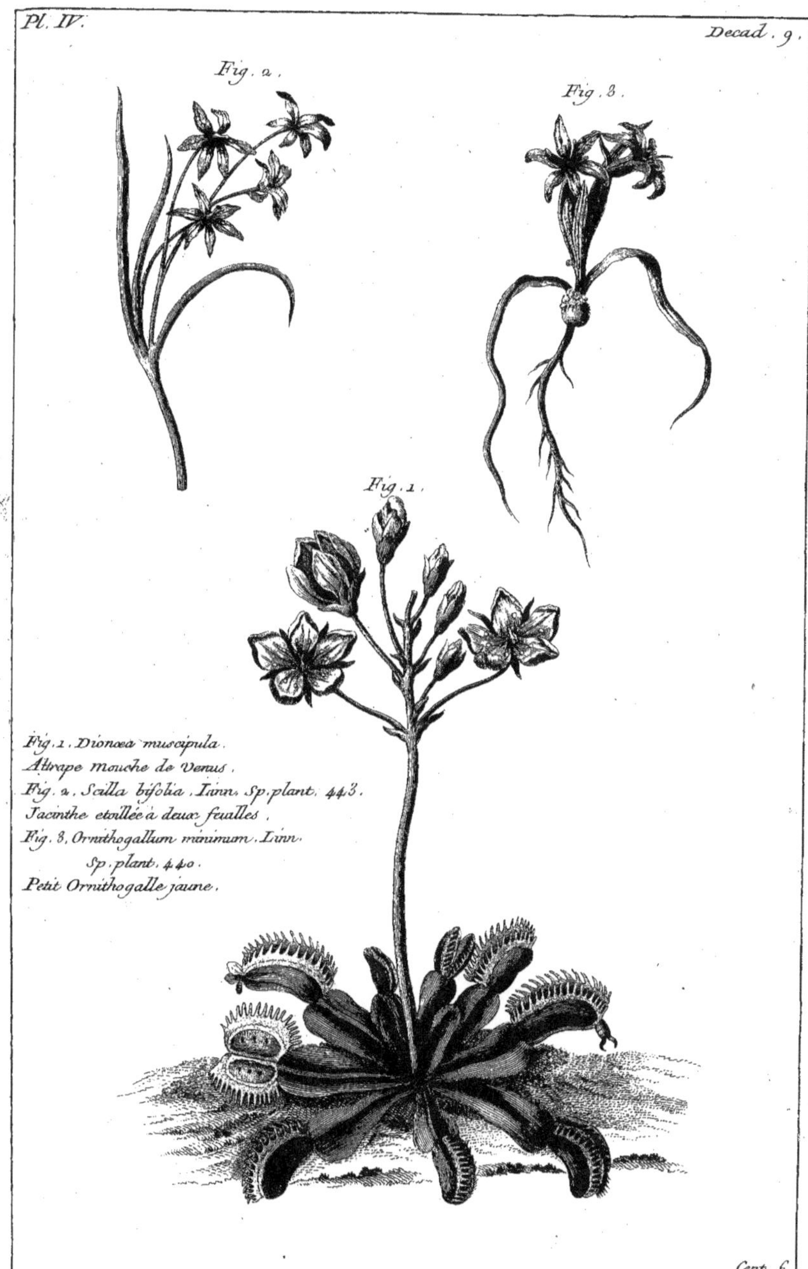

Fig. 1. Dionœa muscipula.
Attrape mouche de Venus.
Fig. 2. Scilla bifolia. Linn. Sp. plant. 443.
Jacinthe etoillée à deux feuilles.
Fig. 3. Ornithogallum minimum. Linn.
Sp. plant. 440.
Petit Ornithogalle jaune.

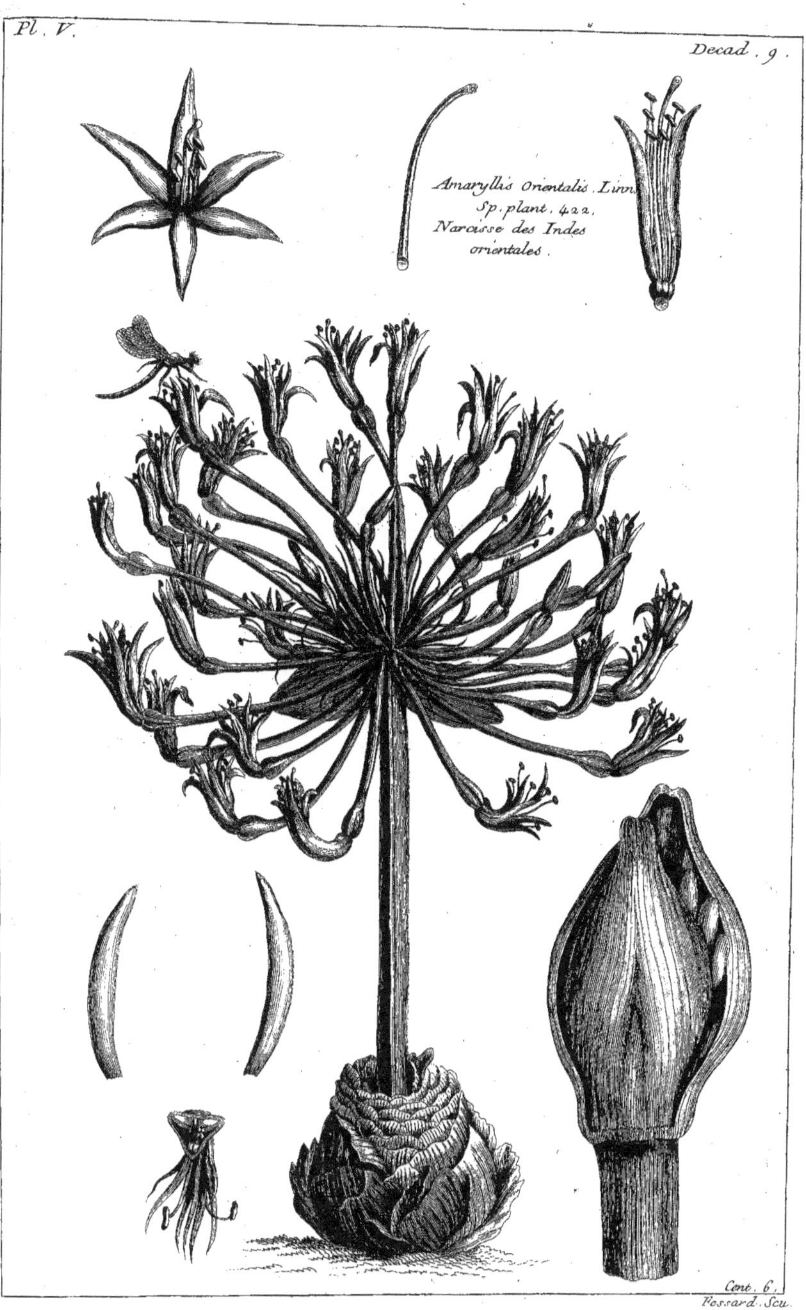

Pl. V.
Decad . 9.
Amaryllis Orientalis. Linn.
Sp. plant. 422.
Narcisse des Indes
orientales.
Cent. 6.
Fossard Scu.

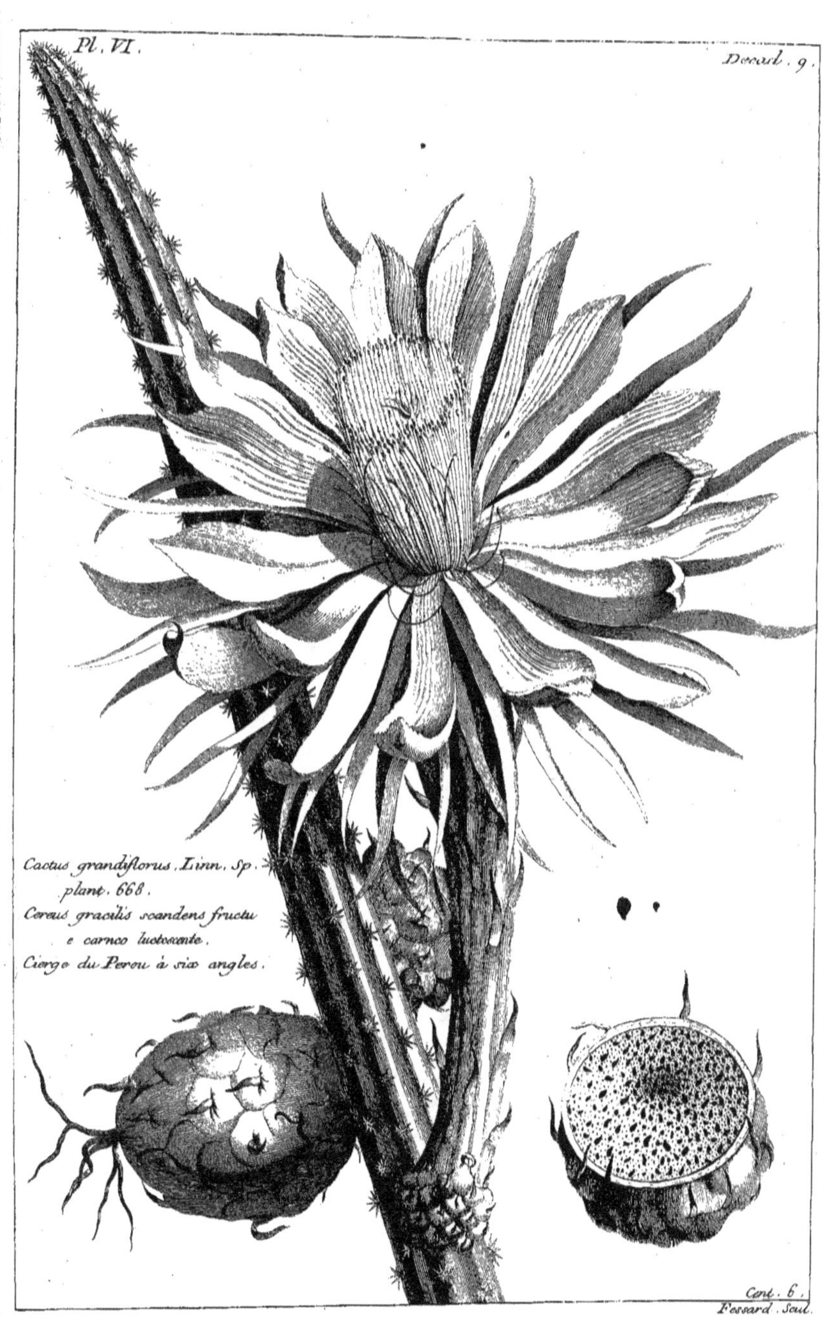

Pl. VI.
Decad. 9.
Cactus grandiflorus, Linn. Sp.
plant. 668.
Cereus gracilis scandens fructu
e carneo luctescente.
Cierge du Perou à six angles.
Cent. 6.
Fessard Sculp.

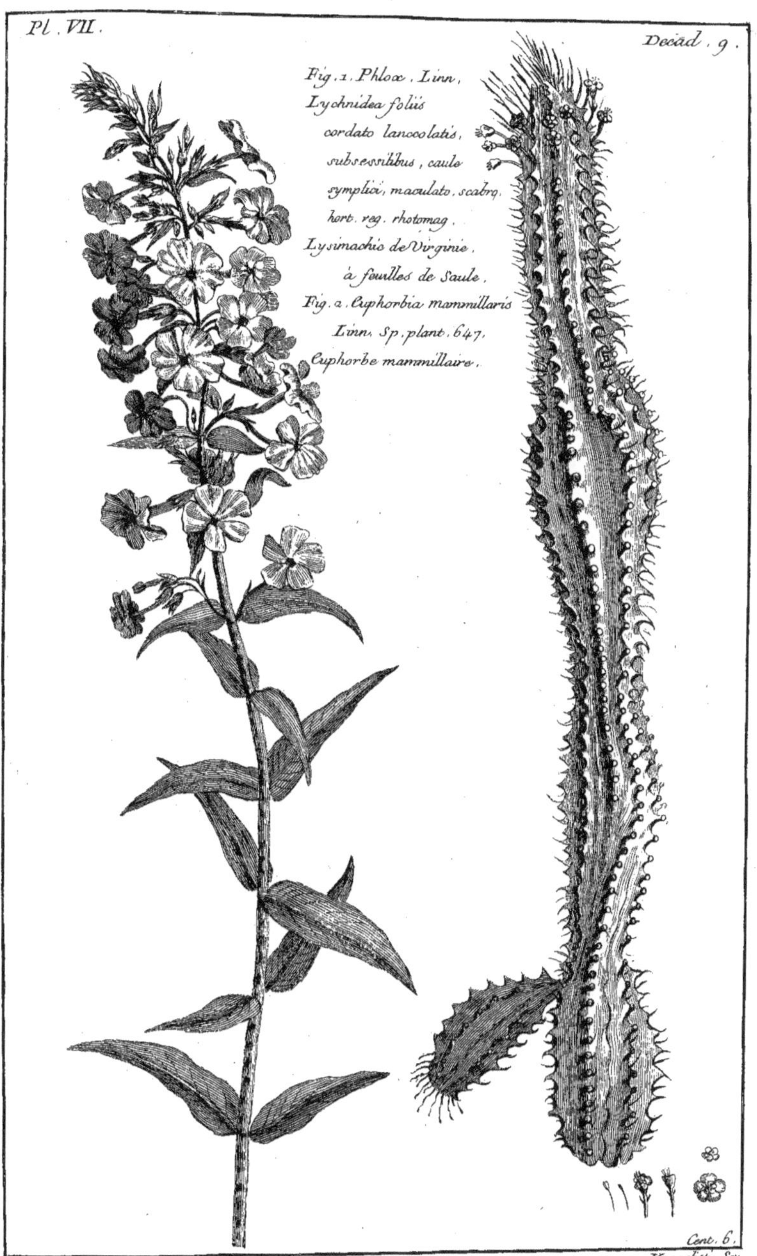

Pl. VII.
Decad. 9.
Fig. 1. Phlox. Linn.
Lychnidea foliis
cordato lanceolatis,
subsessilibus, caule
symplici, maculato, scabro,
hort. reg. rhotomag.
Lysimachie de Virginie,
à feuilles de Saule.
Fig. 2. Euphorbia mammillaris
Linn. Sp. plant. 647.
Euphorbe mammillaire.
Cent. 6.
M.le Pinard, Pinx.
Vangelisti. Scu.

M. Pinard. Del.

Vangelisti, Scu.

Gladiolus odoratus Indicus. Rumph. 5.
p. 286. T. 73.
Glayeul odorant des Indes.

Pl. X.
Decad. 9.
Pauw. Rumph, auct.
p. 19. T. 11.
Canv. C.

Cratægus oxyacantha flore pleno carneo.
Aubepine à fleurs doubles, et couleur de chair.

Scrophularia fructicosa. H. Reg.
trianensis.
Scrophulari à feuilles de Leucanthemum.

Pl. III.
Decad. 10.
Malus hybrida, Hort. Reg.
trianensis
Pomme poire.
Cent. 6.
B. Michel, femme Fessard, Pinx.
Fessard, Scu.

Pl. IV.

Decad. 10.

Magnolia foliis ovato oblongis ad basim et apicem angustis, utrinques virentibus, trew. T. 62.

Laurier tulipier à feuille oblongues, etroites aux deux extremités.

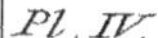

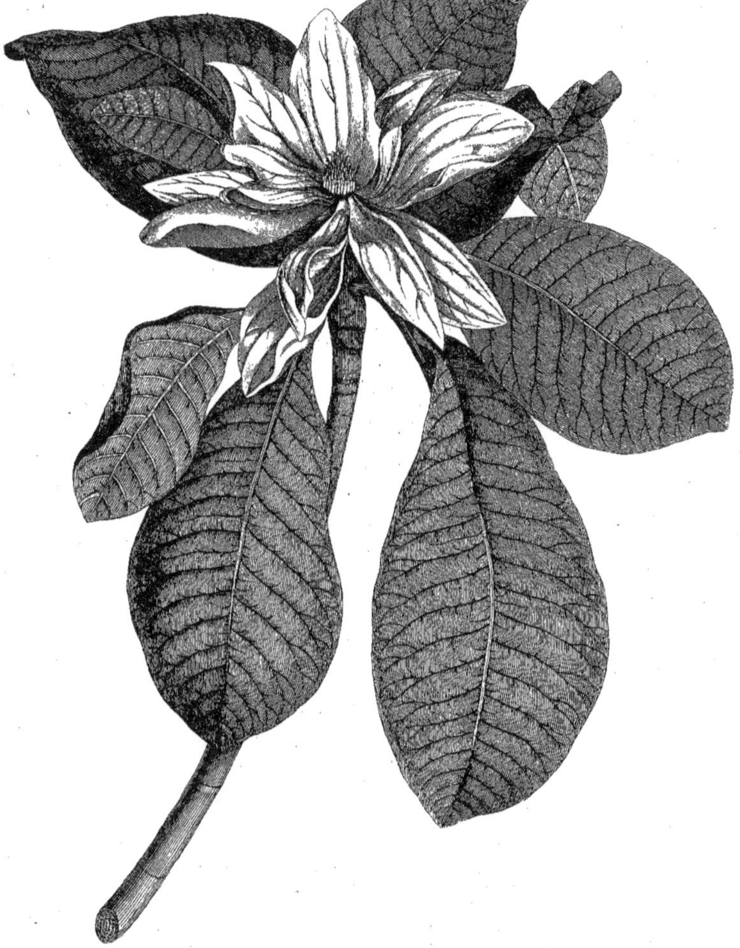

Cette Plante est reduite à moitié.

Cent. 6.

Fessard. Sculp.

Callicarpa americana. Linn. Sp. plant. 161.
Arbrisseau de la caroline verticulé
et à bayes.

Cent. 6.

Aubriet. Pinx.

Fessard. Scul.

Pl. VI.
Decad. 10.
Hedysarum onobrychis. Linn. Sp. plant. 1059.
Sainfoin.
Cont. 6.
Caresme. Pinx.
Nessard. Scu.

Pl. VII.

Decad. 10.

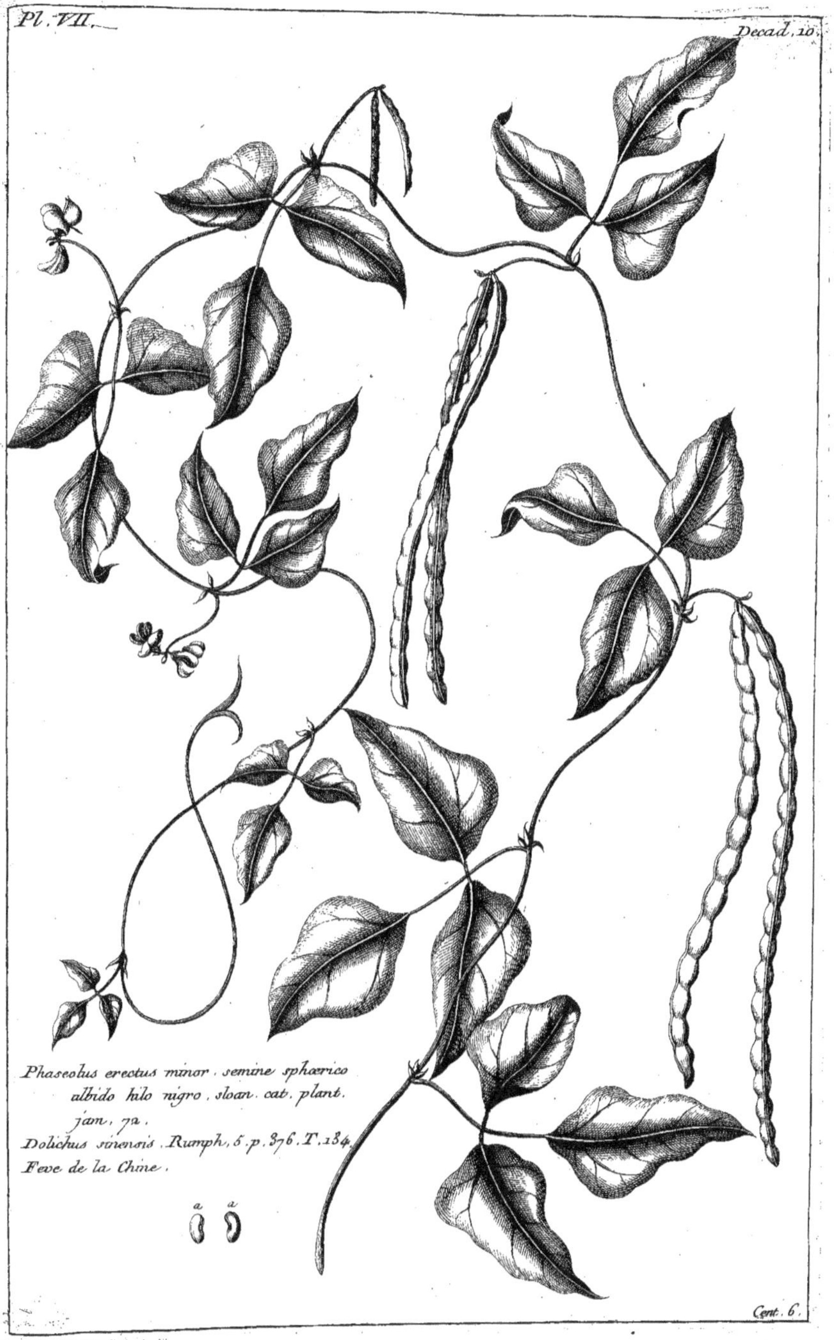

Phaseolus erectus minor, semine sphærico albido hilo nigro, sloan. cat. plant. jam. 72.
Dolichus sinensis. Rumph. 5. p. 376. T. 134.
Feve de la Chine.

Cent. 6.

Pl. VIII.
Decad. 10.
Viscum amboinicum, Rumph. 6.
p. 6a. T. 33.
Gui d'Amboine.
Cent. 6.

Fig. 1. Amomum zingiber. Linn. sp. plant. 1.
Zingiber majus. Rumph. 6. p. 16. T. 66.
Grand Gingembre.
Fig. 2. Alpina racemosa. Linn. sp. plant. 2.
Zingiber minus. Rumph. ibid.
Petit Gingembre sauvage.
Fig. 1.
Fig. 2.
Cont. 6.

Pl. X.
Decad. 10.
Orchis susanna Linn. Sp. plant. 1330.
Flos susannæ. Rumph. 6. p. 286.
T. 99.
Orchide d'Amboine.
Fig. 1.
Fig. 2.
Fig. 2.
Fig. 2.
Fig. 3.
Cont. 6.

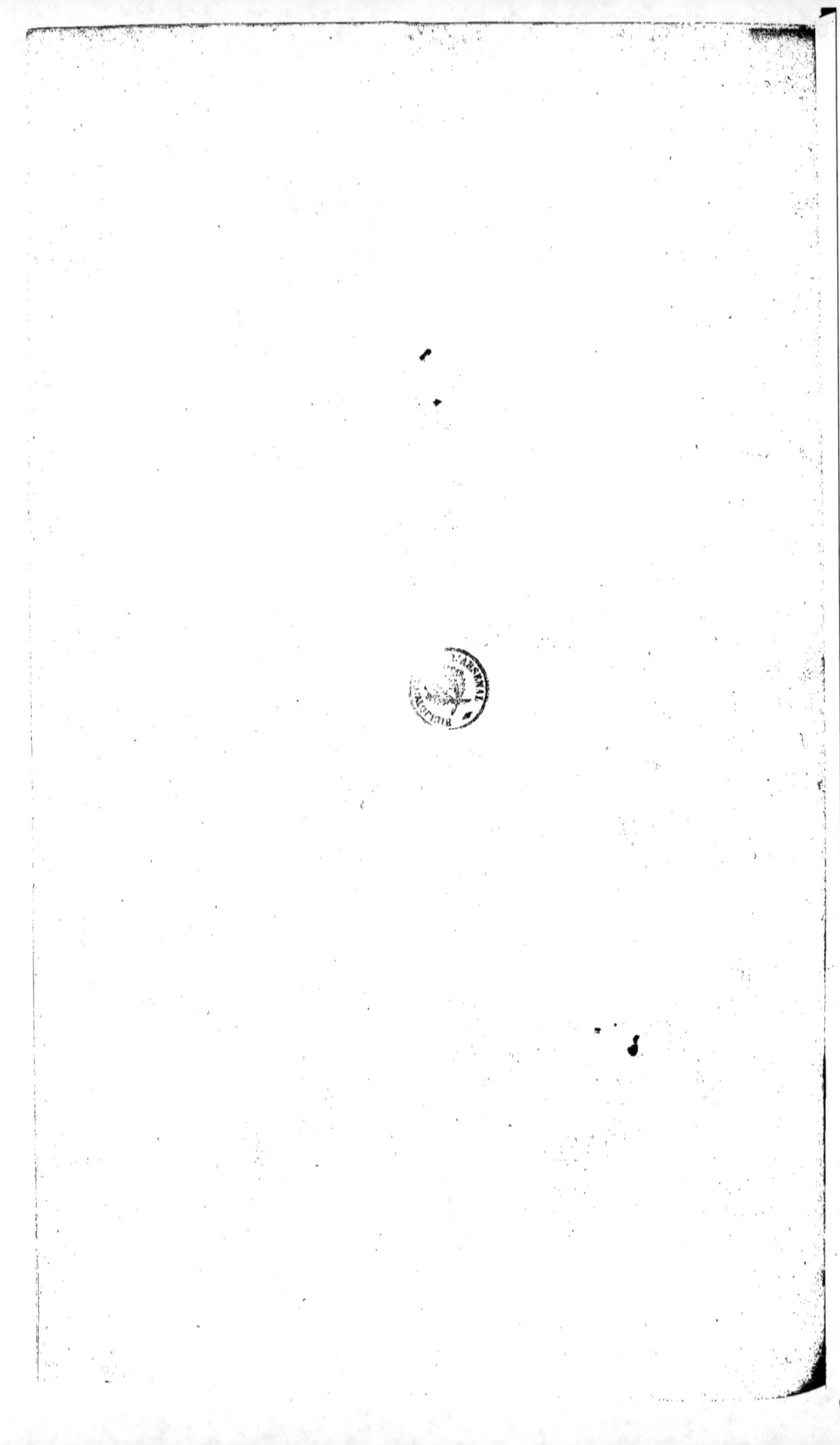